決定版

数学のすべてがわかる本

科学雑学研究倶楽部 編

はじめに

世の中に、「数学嫌い」の人は少なくありません。

小学校、中学校、高校のどこかの段階で、算数や数学の勉強が難しくなり、いやになったというケースがほとんどです。

私たちの多くは、学校で、「勉強しなければならないもの」として数学と出会います。何の役に立つのか、どれほど面白いのかもわからないまま、「勉強しなさい」といわれては、嫌いになってしまうのも無理もない話です（じつは、執筆者の中にも、昔は数学嫌いだったメンバーがいます！）。


しかし、数学というものは、中学や高校で学習する「学校数学」や「受験数学」だけではありません。

「学校数学」や「受験数学」は、ちょっとせまくて暗い入国ゲートのようなものです。

無理やり連れてこられたら、「こんなところ、つまらない」と思うでしょうが、ゲートの向こうには、まばゆい世界がはてしなく広がっています。

その世界は、最新テクノロジーにも、宇宙のロマンにもつながっています。そして、ゾクゾクするほど楽しいのです。

本書は、2018年に学研から刊行された『数学のすべてがわかる本』を全面的に改訂し、新しい話題も多く盛り込んだ「決定版」です。

どんなに探究しても探究しつくせない数学の「すべて」を、一冊の本に詰め込もうなんて、とんでもない企画ではありますが、数学の世界のはてしない広がりと深みを感じていただけるよう、旧版を土台にして試行錯誤しました。

数学は、たとえば音楽や映画のように、楽しくて面白いものです。

今まで数学に苦手意識をもっていた方にも、気軽に楽しんでいただけるように、難しい部分は(そこも面白いのですが)思い切って割愛し、工夫して構成しています。

数学の世界を、どうぞたっぷりとお楽しみください。

科学雑学研究倶楽部

決定版

数学のすべてがわかる本

はじめに 2

数学史関連年表 9

第1章 めくるめく数学の世界へ 13

あなたはまだ「本当の数学」を知らない!?

01 数学の世界を楽しもう …… 14

「方程式」の方角に広がる分野

02 数や式を楽しむ代数学 …… 16

日常的感覚を超えた世界にも広がる

03 図形を楽しむ幾何学 …… 18

「関数」の向こうに広がる分野

04 微分積分を楽しむ解析学 …… 20

数学の世界を成り立たせている土台

05 数学基礎論 …… 22

コンピューターも数学でできている!!

06 身のまわりで役に立っている数学 …… 24

「宇宙を支配する数式」が存在する!?

07 宇宙の神秘に挑む数学 …… 26

COLUMN 01 純粋数学と応用数学 28

第2章 数学の世界のさまざまな数 29

これがなければ数えられない!

01 数の基本 自然数 …… 30

自然数だけでは扱えないものに迫る

02 0とマイナスを含めた整数 …… 32

シンプルだけれど奥が深い!

03 神秘の数 素数 …… 34

整数と整数との「比」を表現
04 分母と分子からなる分数 …… 38
整数と小数点との組み合わせ
05 細かい数を表現する小数 …… 40
「同じ数のかけ合わせ」とその逆演算
06 累乗と累乗根 …… 42
「整数の比」で表せる数と表せない数
07 有理数と無理数 …… 46
「実数」の範囲を超えて数が拡張される!
08 虚数と複素数 …… 48
方程式の解にならない数
09 超越数とは何か …… 52
COLUMN 02 四元数と八元数 56

第3章 古代と中世の数学 57

文明は高度な数学を生んでいた!
01 古代メソポタミアの数学 …… 58
ナイル川と向き合うことから数学が発展
02 古代エジプトの数学 …… 60
現在でも使われる数学用語が生まれた
03 古代中国の数学 …… 62
合理的精神が数学を高度に花開かせる
04 タレスとギリシア数学の始まり …… 64
自然数の比に宇宙の調和を見いだした
05 神秘の数学者ピタゴラス …… 66
アキレスは亀に追いつけないのか?
06 ゼノンと無限のパラドックス …… 70
数学と哲学は分かちがたく結びついていた!
07 プラトンとアリストテレス …… 72
『原論』は聖書に次ぐベストセラーに!!
08 人類の思考を変えたユークリッド …… 74
積分法につながる求積法の研究
09 アルキメデスと取り尽くし法 …… 78
世界の数学を新たなステージに押し上げた!!
10 インド数学 ゼロの発見 …… 82

ギリシアとインドの「知」を受け継ぎ発展させた
11 アラビアの数学 …… 84

COLUMN 03 フィボナッチ数列 86

第4章 近世ヨーロッパの数学 87

かつての数学は決闘だった!!
01 方程式の解をめぐる戦い …… 88

近代数学があるのはこの人のおかげ!
02 デカルトと解析幾何学 …… 92

専門家たちをうならせた驚異の才能
03 最強のアマチュア数学者フェルマー …… 94

デカルトとフェルマーの論争から発展した
04 微分法の先駆け 接線法 …… 96

「確率」という考え方はここから生まれた!
05 パスカルの賭け …… 100

体積や面積の問題は積分法へつながっていく
06 求積法の発展 …… 104

微分積分学の基本定理に迫ったバロー
07 接線法と求積法の関係とは? …… 106

ついに微分積分法が確立される!
08 ニュートンの流率法 …… 108

微分積分にはもうひとりの発見者がいた!!
09 ライプニッツの微分積分 …… 112

「発見者」はニュートンかライプニッツか
10 微分積分をめぐる論争 …… 114

無限に分割される複利計算の行方は?
11 ネイピア数の発見 …… 118

COLUMN 04 日本の数学 和算 122

第5章 天才たちが築いた近代数学 123

まるで呼吸と同じように計算をした
01 数学の申し子オイラー …… 124

数学の秘密が凝縮された人類の至宝
02 世界一美しい数式 …… 128

さまざまな関数を三角関数に分解
03 フーリエ解析 …… 132
複素数を目に見えるようにした
04 数学の王ガウス …… 136
「曲がった面の幾何学」がありうる!
05 非ユークリッド幾何学の産声 …… 138
非ユークリッド幾何学を高度に一般化した
06 リーマン幾何学の成立 …… 142
5次以上の方程式に解の公式はあるか?
07 アーベルと方程式の解 …… 144
夭折の天才が人類に遺したものは?
08 ガロアと美しき群論 …… 146
数え終えることができないものの数を比べる
09 カントールの集合と無限 …… 148
無限の大きさは何種類ある?
10 禁断の連続体仮説 …… 152
COLUMN 05 統計学の発展 156

第6章 現代数学の危機と達成 157

集合論は袋小路に行き着いてしまった?
01 ラッセルのパラドックス …… 158
「数学の危機」からいかに脱出するか
02 ヒルベルト・プログラム …… 162
数学の内部には「限界」があった!!
03 ゲーデルの不完全性定理 …… 166
ドーナッとコーヒーカップは同じもの!?
04 奇妙な幾何学トポロジー …… 170
現代を支えるテクノロジーのルーツ
05 コンピューターの登場 …… 174
予測できない混沌に取り組む
06 カオス理論 …… 176
自然の複雑さに数学で迫る!
07 フラクタル幾何学 …… 178
COLUMN 06 「インドの魔術師」ラマヌジャン 180

第7章 科学と社会を支える数学 181

重力の理論を支えたのはリーマン幾何学だった！
01 相対性理論と数学 182

超ミクロの奇妙な世界をとらえる!!
02 量子論と数学 186

「状態の重ね合わせ」を利用して計算する
03 量子コンピューターの原理 190

人工知能はどのように「考えている」のか？
04 AIを飛躍させたディープラーニング 192

ポーカーの分析から経済・政治・戦争まで
05 戦略を分析するゲーム理論 196

かけ算だけでその数がわかる？
06 宇宙人を探すための方程式 198

COLUMN 07 優しい「変人」エルデシュ 200

第8章 最前線の数学と未解決問題 201

350年以上にわたる壮大なドラマ
01 フェルマーの最終定理 202

現代数学の最も重要な未解決問題
02 ミレニアム懸賞問題 206

宇宙の形も調べられるか？
03 100年の難問 ポアンカレ予想 208

桁外れの新理論が難問を解決した!!
04 ABC予想とIUT理論 212

超ミクロの構造を表す数学的モデルとは？
05 数学が宇宙の秘密を探る 216

索引 220

数学史関連年表

3万7000年前	**レボンボ獣骨**に数の刻み目が残される。
2万5000年前	**イシャンゴ獣骨**に数の刻み目が残される。
前3000年頃	メソポタミア南部に**シュメール人**が都市を築く。
	エジプトに統一国家が成立。
前1800年頃	**バビロニア**で粘土板**プリンプトン322**が書かれる。
前1650年頃	エジプトで**リンド・パピルス**が筆写される。
前6世紀	**タレス**が活躍。
	ピタゴラスが南イタリアで**ピタゴラス学派**を形成。
前5世紀	**エレアのゼノン**が「アキレスと亀」などの**パラドックス**を提示。
前4世紀	**プラトン**が**イデア論**を提唱。
	エウドクソスが**取り尽くし法**を確立。
	アリストテレスが**論理学**を確立。
前3世紀	**ユークリッド**の『**原論**』が書かれる。
	アルキメデスがさまざまな図形の**求積法**を開発。
紀元前後	中国で『**九章算術**』が成立。
3世紀	**ディオファントス**の『**算術**』が書かれる。
263年	**劉徽**による『**九章算術**』**の注釈書**が発表される。

6世紀後半	インドで「数としての0」が知られるようになる。
628年	**ブラフマグプタ**が著書で「数としての0」を扱う。
8世紀	インドの数学がアラビアに伝わる。
9世紀	ギリシアの古典などがアラビア語に翻訳される。
	アル＝フワーリズミーが活躍。
1202年	**フィボナッチ**が『**算盤の書**』を発表。
16世紀初頭	**デル・フェッロ**が**3次方程式の代数的解法**を発見。
1535年	**フィオール**と**フォンタナ**が数学の試合を行う。
1539年	**フォンタナ**が**カルダーノ**に**3次方程式の一般的解法**を教える。
1545年	**カルダーノ**が『**偉大なる術**』で**3次方程式の解法**や**虚数**を紹介。
16世紀末	**ヴィエタ**が代数の記号を整理。
	ネイピアが**対数**の概念を考案。
1627年	**吉田光由**が『**塵劫記**』（初版）を発表。
1630年頃	**フェルマー**が**ディオファントス**の『**算術**』のラテン語訳を入手。
1637年	**デカルト**が**座標**の考え方を提唱。
17世紀半ば	**デカルト**と**フェルマー**が**接線法**について議論する。
1654年	**パスカル**と**フェルマー**が**確率**について手紙を交わす。
1665年頃	**ニュートン**が**微分積分学の基本定理**を発見（発表せず）。
1670年	**フェルマー**の書き込み入りの**ディオファントス**『**算術**』出版。

$$x = \frac{-b \pm \sqrt{b^2 - 4ac}}{2a}$$

17世紀後半	関孝和が和算で活躍。
1675年頃	ライプニッツが独自に微分積分学の基本定理を発見。
1685年	ベルヌーイがネイピア数を発見。
1686年	ライプニッツが微分積分学の基本定理を発表。
1736年	オイラーが「ケーニヒスベルクの7つの橋」についての論文を発表。
1748年	オイラーの公式が発表される。
1770年頃	ラグランジュが代数方程式についての研究を発表。
1799年	ルフィニが5次方程式に代数的一般解法がないことを証明（不完全）。
	ガウスが代数学の基本定理を証明。
19世紀初頭	ガウスらが複素平面の考え方を発表。
1822年	フーリエがフーリエ解析の理論を発表。
1823年	ジェルマンがフェルマーの最終定理の研究を進める。
1824年	アーベルが5次方程式に代数的一般解法がないことの証明を発表。
1829年	ロバチェフスキーが非ユークリッド幾何学の研究を発表。
1832年	ボーヤイが非ユークリッド幾何学の研究を発表。
	ガロアが群を扱うガロア理論を創設し、決闘にて死亡。
19世紀半ば	リーマンが活躍。リーマン幾何学の成立。
1870年代	カントールらが集合論を確立。
1900年前後	ポアンカレがトポロジーを創始。

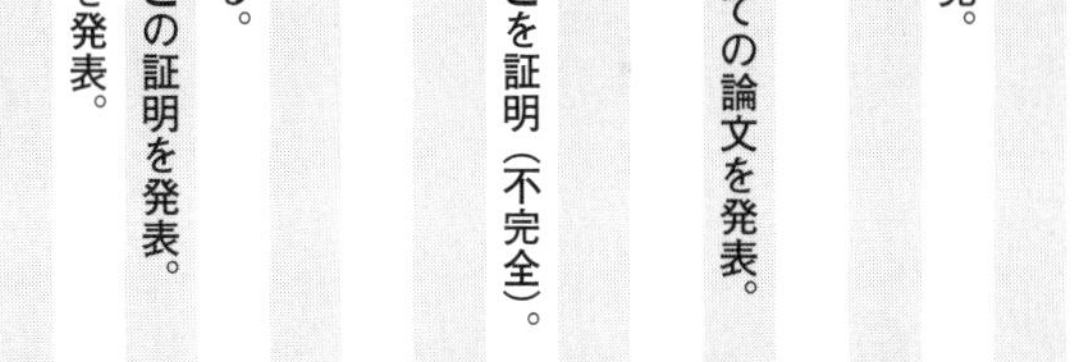

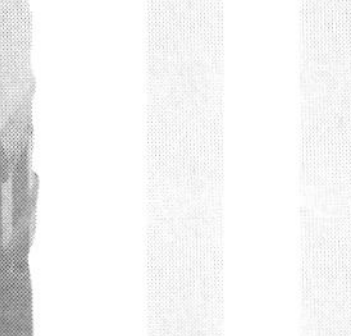

1900年　ヒルベルトの23の問題が発表される。
1901年　ラッセルのパラドックスが発見される。
1904年　ポアンカレ予想が発表される。
1910年　ラッセルらが『プリンキピア・マテマティカ』を発表。（～1913年）
1914年　ラマヌジャンがイギリスに渡り、ハーディと共同研究を開始。
1915年　アインシュタインが一般相対性理論を発表。
1926年　量子力学の行列力学と波動力学が提唱される。
1931年　ゲーデルが不完全性定理を発表。
1944年　フォン・ノイマンがゲーム理論のもととなる著作（共著）を発表。
1950年代　谷山・志村予想が定式化される。
1961年　ローレンツがカオス理論のもとになる発見をする。
1971年　超ひも理論が提唱される。
1977年　マンデルブロがフラクタルの概念を発表。
1985年　ABC予想が発表される。
1994年　ワイルズがフェルマーの最終定理を完全に証明。
2000年　ミレニアム懸賞問題が発表される。
2002年　ペレルマンがポアンカレ予想を証明。
2012年　望月新一がIUT理論によってABC予想を証明する論文を発表。

第1章

めくるめく数学の世界へ

01

The world of mathematics

あなたはまだ「本当の数学」を知らない!?

数学の世界を楽しもう

役に立たない？　つまらない？

「数学の問題が解けなくても、日常生活では困らないし、計算も計算機でやればいい。数学なんて役に立たないんじゃないの？」

「数字を計算して正しい答えを出すだけの数学なんて、何が面白いのかわからない。もっと知識や教養になるものを勉強したほうが面白いんじゃないの？」

数学について、このようにいわれているのをよく耳にします。

しかし、「数学は役に立たない」「つまらない」という人は、もしかしたら、数学の本当の面白さをまだ知らないだけかもしれません。

ロマンあふれる知の結晶

学校で、あるいは試験会場で、与えられた問題を解くことだけが数学ではありません。

人間と「数」とのかかわりの起源は、有史以前、人間に知性が生じはじめた頃までさかのぼるといわれることもあります。もしも人間が「数」を操ることを覚えなかったら、高度な文明を築くことはできなかったでしょう。

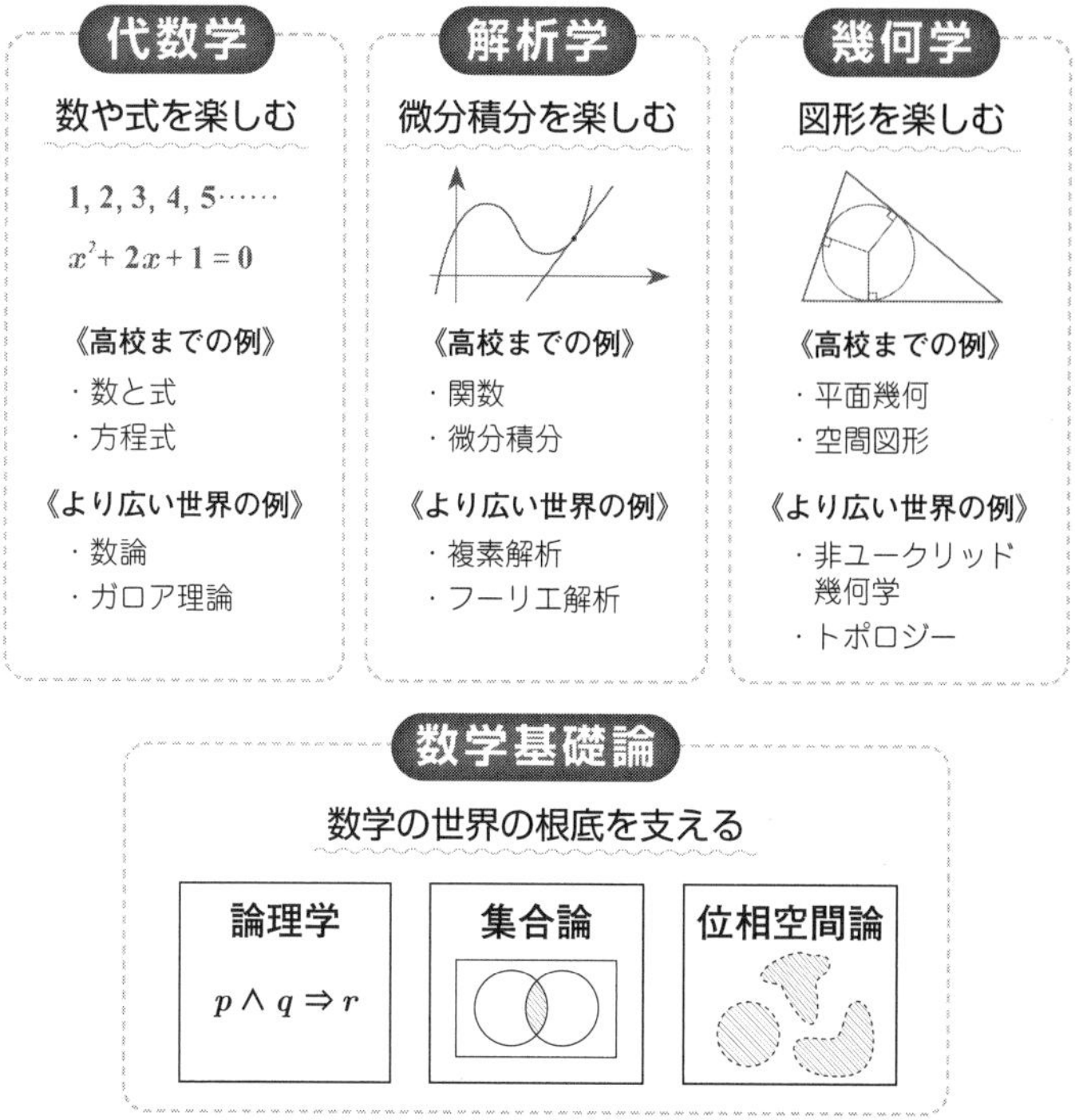

▲ 数学のおもな分野の、「超」概略図。これから数学の世界を旅するときに、参考にしていただきたい。もちろん、ここに入っていない分野や事項は多く、また、それぞれの分野は密接にからみ合っている。

数学の歴史は、**数万年に及ぶ壮大なドラマ**だといえます。

特に現代では、社会の実態を知るにも数学的なデータが必要ですし、経済学にも数学は不可欠です。

そして、数学は**あらゆる科学の基礎**になっています。コンピューターをはじめ、どんなテクノロジーも、数学がなければ動きません。また、はるかな宇宙の神秘を探究することにも、数学が用いられているのです。

数学は、人類の知の結晶であり、めくるめくロマンが詰まっています。これを楽しまないのは、もったいないと思いませんか？

02

The world of mathematics

「方程式」の方角に広がる分野

数や式を楽しむ代数学

方程式と代数学

私たちは中学1年生から、**方程式**《ほうていしき》というものを学習します。

方程式とは簡単にいうと、**「どんな値なのかわからない数」を含んだ式**のことです。その「どんな値なのかわからない数」は、具体的な数字で書くことはできないので、とりあえず「x」などの文字で表します。

この方程式をうまく変形していき、「$x=$」という形を作れば、「どんな値なのかわからない数」（**未知数**《みちすう》）の値を割り出すことができ

数学の広大な世界へ

「数学は役に立つし、面白い」とだけいっても、なかなかピンとこない人が多いでしょう。それは、中学まで、もしくは高校までで、数学とのつき合いをやめる人が多いからではないかと思います。

中学や高校までの数学は、数学の広い世界の、ほんの入り口です。その向こうには、未知の世界がはてしなく広がっています。どういう広がり方をしているのか、おもな方向をざっくりと紹介していきましょう。

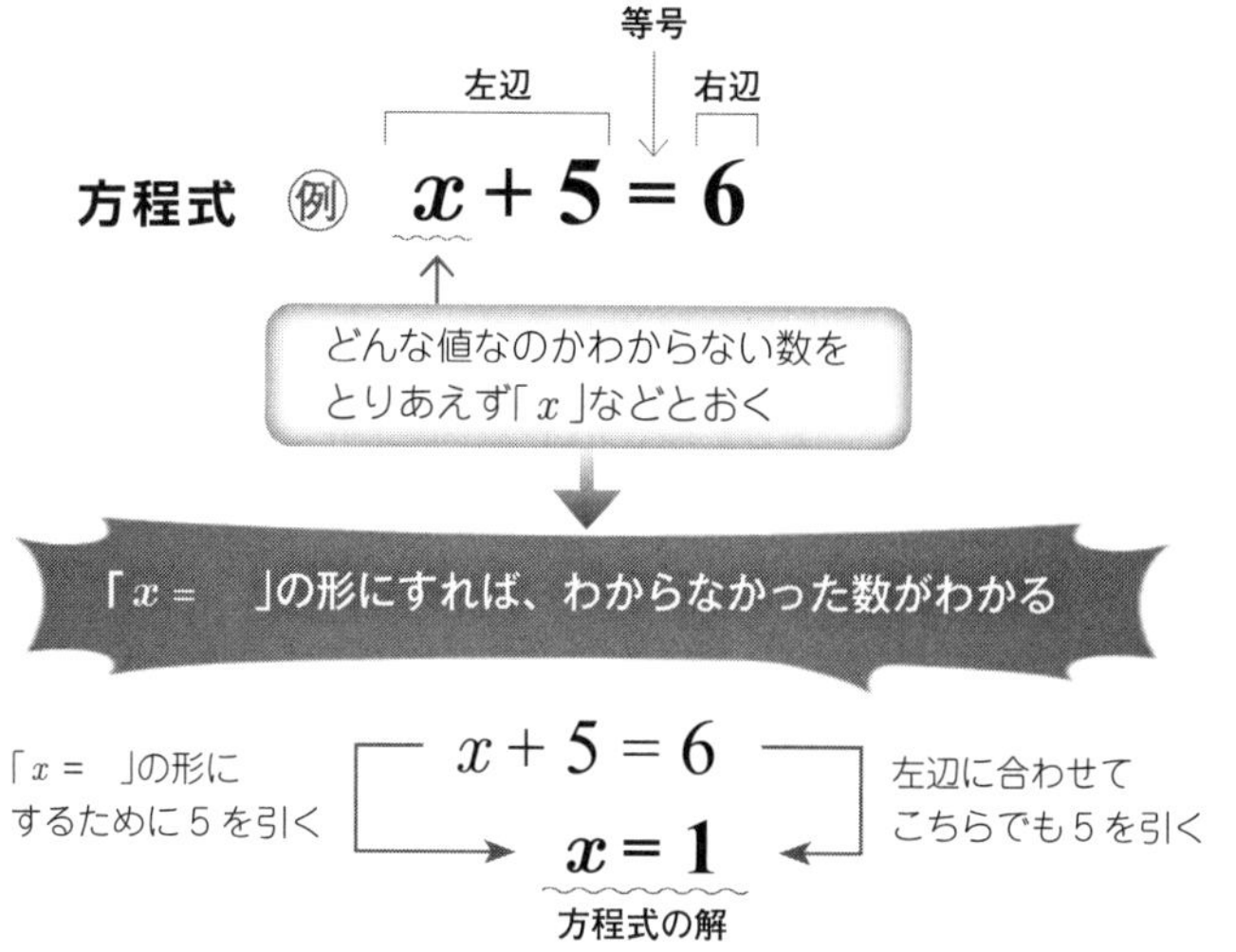
等号
左辺
右辺
方程式 例 $x+5=6$
どんな値なのかわからない数を
とりあえず「x」などとおく
「$x=$　」の形にすれば、わからなかった数がわかる
「$x=$　」の形に
するために5を引く
$x+5=6$
$x=1$
左辺に合わせて
こちらでも5を引く
方程式の解

▲ 簡単な「方程式」の例と、それを「解く」方法。ここで「x」とおかれている「どんな値なのかわからない数」のことを、「未知数」という。未知数にはx以外の文字も使われることがある。「$x=$　」の形にして未知数の値を求めることを、「方程式を解く」という。

きます。これを「方程式を**解く**」といい、割り出されたxの値を、方程式の**解**《かい》と呼びます。

方程式とは、**「どんな値なのかわからない数」の正体をつきとめるための、非常に便利なツール**だといえます。

このような方程式の方向に広がっているのが、**代数学**《だいすうがく》という分野です。

これはとりあえず、数や式を楽しむ数学だと考えてください。

わからない値を「x」としたように、数字の代わりに文字を使うことから「代数」という名称がつきましたが、ただ方程式を解くだけではなく、方程式そのものの本質の探究などが行われています。

また、「数」そのものの本質を研究する**数**《すう》**論**《ろん》なども、代数学に含まれるとされます。

03

The world of mathematics

日常的感覚を超えた世界にも広がる

図形を楽しむ幾何学

図形の性質の不思議

数学が扱うのは、数だけではありません。多角形や円など、さまざまな図形も、数学で扱われます。これは**幾何学**《きかがく》と呼ばれ、数学の世界のおもな分野のひとつです。

私たちが学校で勉強する数学で、最もなじみのある図形は、**三角形**ではないでしょうか。

三角形には、面白い性質がたくさんあります。**内角**《ないかく》**の和**《わ》**の公式**もそのひとつです。

内角とは、図形の内側の角のこと。**和**とは足し算をした結果のことです。三角形の内角の角度を3つ足し合わせると、180度になります。どんな形の三角形でもそうなるのですから、考えてみれば不思議です。この性質は、中学で教わります。

ほかにも、図形に関する数多くの性質が発見されており、数学の法則として整理されています。学校で勉強する数学では、それらをうまく組み合わせて、問題を解いていきます。

小学校から高校までの間に勉強する幾何学は、**ユークリッド幾何学**と呼ばれるもので(77ページ参照)、パズルのような面白さがあるだけでなく、測量や設計から日曜大工まで、あらゆるところで役立っています。

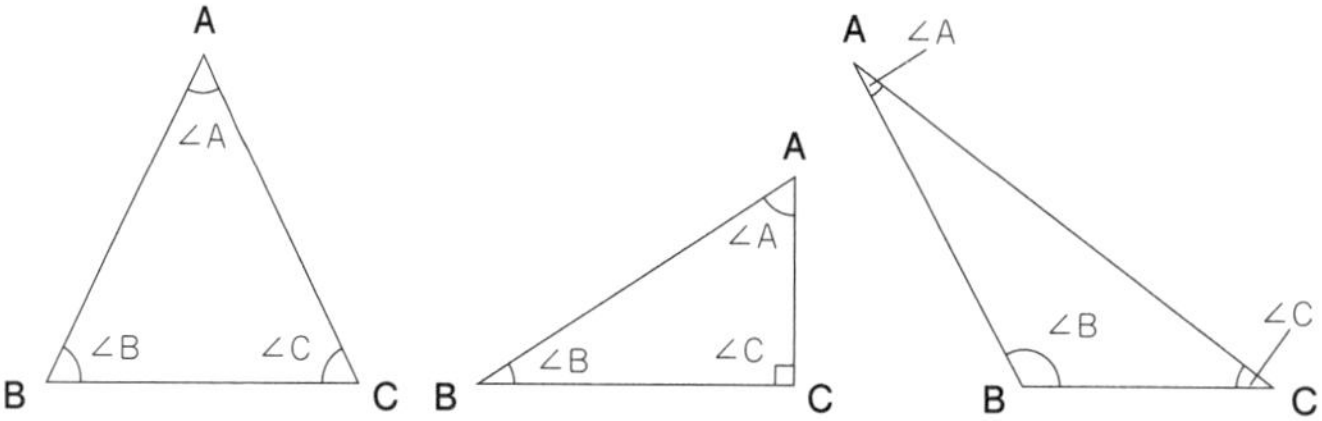

三角形の内角の和の公式

どの三角形でも

$$\angle A + \angle B + \angle C = 180°$$

▲「ユークリッド幾何学」は、机の上で開いたノートのような、平らな面に描かれた幾何学である。そこでは、どのような三角形でも、内角の和は180°になる。しかし数学的には、「ユークリッド幾何学」以外の幾何学も成立する。

「別の幾何学」が存在する！

しかし、ユークリッド幾何学は、幾何学のすべてではありません。

ユークリッド幾何学では、先ほども述べたとおり、どんな三角形でも例外なく、内角の和は180度になります。しかし、**内角の和が180度にならない幾何学**も、数学的に考えることができるのです。考えられるだけでなく、数学的に矛《む》盾《じゅん》なく、理論として成立するのです。

そのような幾何学は、**非ユークリッド幾何学**と呼ばれます（138ページ参照）。そのほかにも、日常生活の感覚を超えた、さまざまな幾何学が考えられ、研究されています。

04

The world of mathematics

「関数」の向こうに広がる分野

微分積分を楽しむ解析学

関数とは何か

数や式を楽しむ代数学と、図形を楽しむ幾何学を紹介しましたが、数や式と図形を結びつける方法もあります。**関数**《かんすう》と**グラフ**です。

関数とは、**数と数との間の関係**のことです。

たとえば「リンゴをあげたら、お返しに2倍の数のミカンをくれる人」がいるとします。このとき、あげるリンゴの数をx個、もらうミカンの数をy個とすると、xとyというふたつの**変数**《へんすう》の間に、「$y = 2x$」の関係が成立します。この「$y = 2x$」が、関数の例です。

▼xとyの「関数」をグラフで表すときは、横軸でxの変化を、縦軸でyの変化を表す「座標平面」（93ページ参照）を用意して、「xが1のときyは2」「xが2のときyは4」というふうに、関数の式を満たす点を取って結んでいく。関数「$y=2x$」のような「1次関数」のグラフは、直線の形になる。

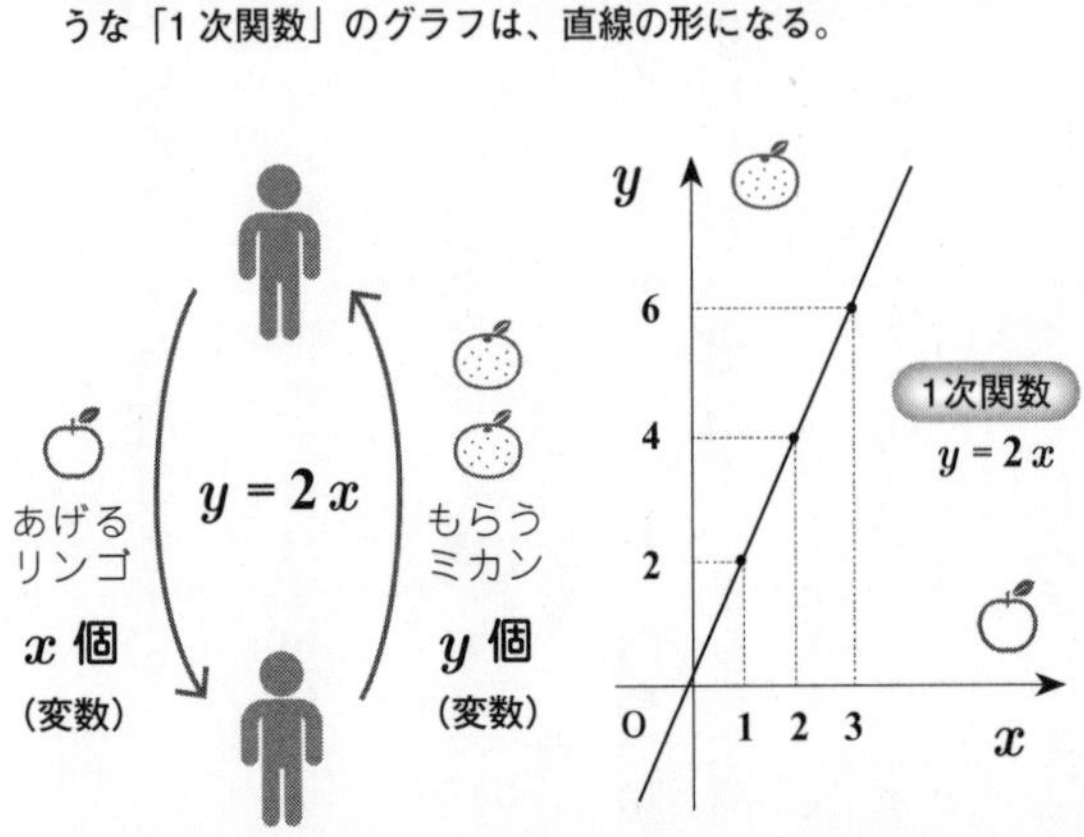

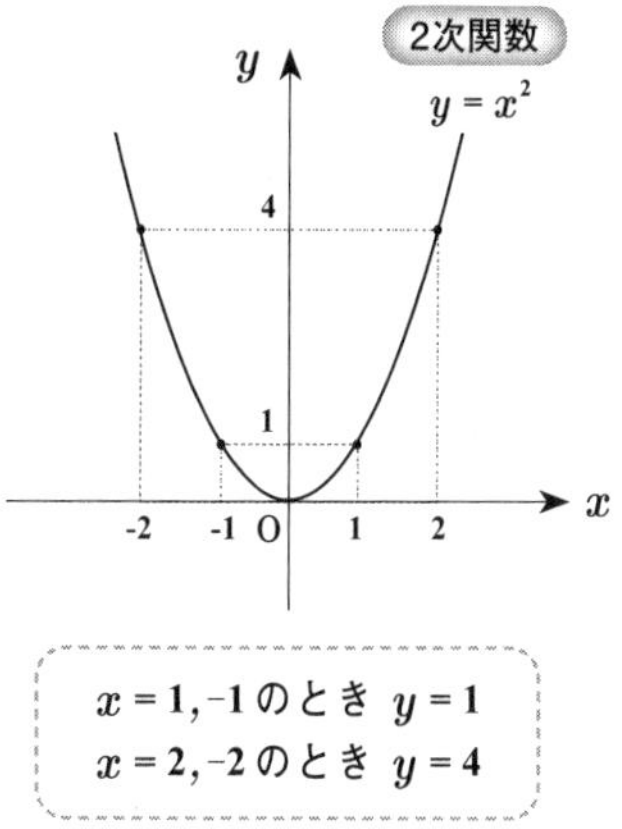

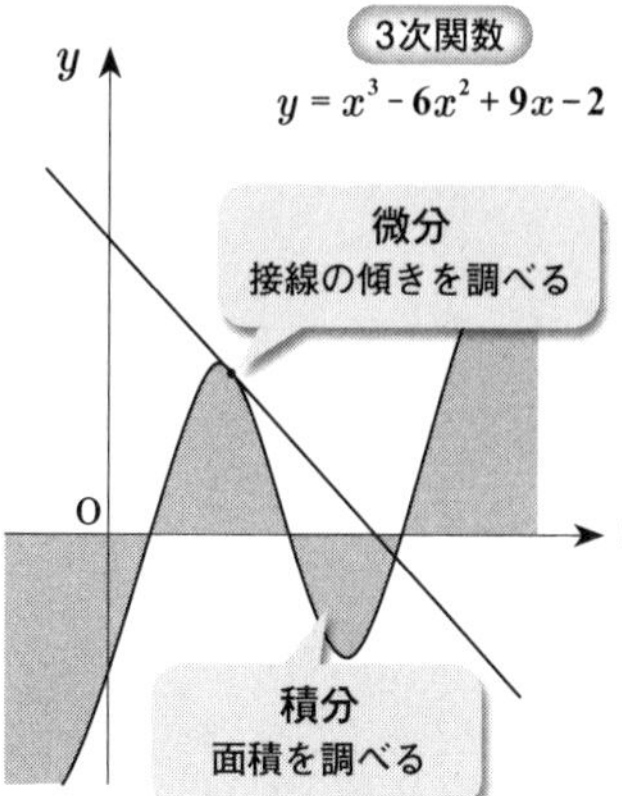

▲「2次関数」のグラフは「放物線」と呼ばれる形になる。「3次関数」のグラフは、より複雑な曲線になることが多い。このように複雑に変化する関数について、「非常に小さい区間での変化の仕方」をとらえるのが「微分」であり、「小さい変化の積み重ね」をとらえるのが「積分」である。図形的には、微分すると「グラフの接線の傾き」が、積分すると「グラフと x 軸で囲まれた部分の面積」がわかる。微分積分は第4章でやさしく解説するので、心配しないでいただきたい。

関数とグラフ

この関数は右図のように、直線という形で表現することができます。このように関数を図形として表したものを、**グラフ**といいます。「$y = 2x$」は、最も簡単な**1次関数**と呼ばれる関数です。中学3年生からは、「$y = x^2$」のような、少し手ごわい**2次関数**を勉強します。

さらに高校では、「$y = x^3 - 6x^2 + 9x - 2$」のような**3次関数**を習うと同時に、関数の変化を調べる**微分積分**《びぶんせきぶん》も教わります。

このような関数や微分積分にかかわる分野を、**解析学**《かいせきがく》といいます。解析学も数学の世界のおもな分野のひとつであり、物理学や工学などにも幅広く応用されています。

05

The world of mathematics

数学の世界を成り立たせている土台

数学基礎論

数学を支える超重要インフラ

ここまで見てきた**代数学**、**幾何学**、**解析学**は、**数学の三大分野**ともいわれており、相互にかかわり合いながら、数えきれないほどのジャンルを派生させています。それはきらびやかな大都会にたとえられるかもしれません。

しかし、豪華な高層ビルをたくさん建てても、それだけでは都市は機能しません。上下水道や電力供給などのインフラが必要です。

そして、数学の世界のインフラに当たる研究は、**数学《すうがく》基礎《きそ》論《ろん》**と呼ばれています。

論理学・集合論・位相空間論

数学では基本的に、「だれが見ても正しいこと」をひとつずつ積み重ねていく必要があります。そのとき、日常会話の言葉をそのまま使うと、意味があいまいになってしまい、うまくいきません。厳密な「論理の文法」を使わなければならないのです。その「文法」を定めた**論理学《ろんりがく》**は、数学の基礎のひとつになっています。

これと密接にかかわるのが、**集合論《しゅうごうろん》**です。**集合**とは文字どおり、何かの「集まり」で

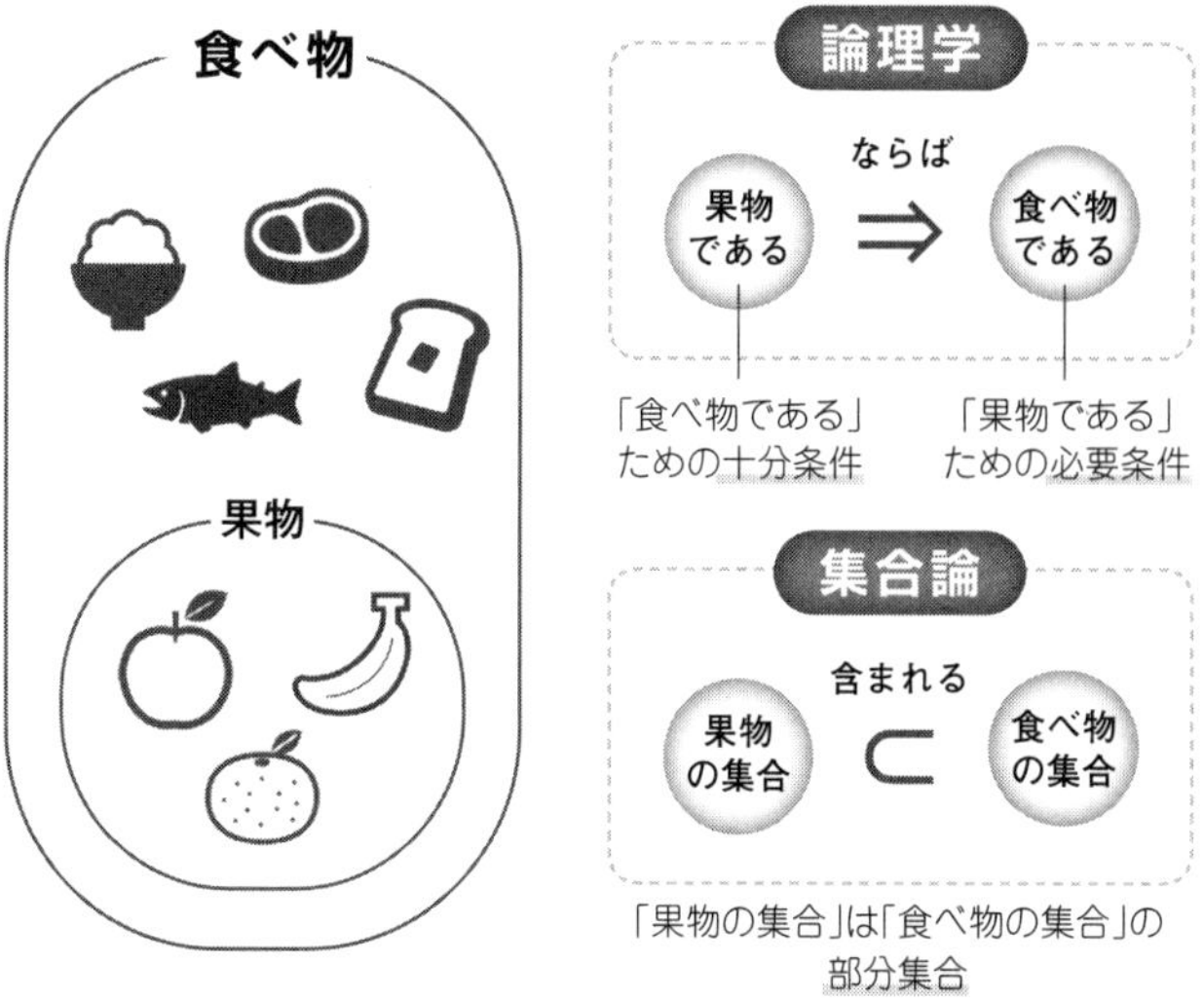

▲「数学基礎論」の中でも、「論理学」と「集合論」には、密接な関係がある。たとえば、「食べ物」と「果物」との関係は、上図のように表現できる。もっと複雑な関係も、集合論を利用して論理的に表現することが可能である。

す。数学では、1、2、3……といった数のひとつひとつを扱うだけでなく、「1、2、3……といった数の集まり」を扱いたいときもあります。集合と論理を組み合わせることで、幅広い対象を数学的に扱えます。

論理学も集合論も、高校で初歩を学びますが、高校までの数学とのつながりがわかりにくい数学基礎論の分野があります。**位相空間《いそうくうかん》論《ろん》**です。説明が難しいのですが、**連続《れんぞく》**という概念をめぐる研究だといえるでしょう。

たとえば、20～21ページのグラフはどれも、線が途切れず、ひとつながりになっています。このような状態を連続といいます。

そのように「連続である」とはどういうことなのか、本質を探るのが位相空間論であり、数学の多くの分野の土台となっています。

06

The world of mathematics

コンピューターも数学でできている!!

身のまわりで役に立っている数学

数学が社会を支える

私たちは、日常の暮らしの中では、簡単な「+」「-」「×」「÷」以外の計算をすることは、ほとんどありません。しかも、桁《けた》の多い複雑な計算は、計算機に任せることができます。そのため、「数学なんか、実生活では役立たない」という人もいます。

しかし、現代の生活を支えてくれている**テクノロジー**は、まず例外なく、数学を使って作られています。データを扱う**統計学**《とうけいがく》でも、**経済学**でも、日々、数学が使われます。**私たちの実生活は、数学によって支えられている**のです。

コンピューターの2進法

身のまわりの数学の代表例として、ここでは、コンピューターの基本的な仕組みを紹介します。コンピューターが**2進法**だというのは、聞いたことのある人が多いと思いますが、その意味を説明しましょう。

私たちが普段用いているのは、**10進法**です。これは、**0から9までの10種類の数字を使う**という意味です。ものを数えるとき、1、2、3……とカウントしていって、9までの全種

10進法	2進法	
0	0	1桁で0と1を使い尽くす
1	1	
2	10	2桁で0と1の組み合わせを使い尽くす
3	11	
4	100	3桁で0と1の組み合わせを使い尽くす
5	101	
6	110	
7	111	
8	1000	
9	1001	
10	1010	

（0〜10：1桁で0〜9の10種類を使い尽くす）

▲「10進法」と「2進法」の対応。私たちが普段使っているコンピューターは、「トランジスタ」という部品によって、2進法の計算を行っている。トランジスタは、「電流を流すONの状態」と「電流を流さないOFFの状態」を切り替えることができ、ONが「1」を、OFFが「0」を表すのである。

類の数字を使い果たしたら、次のカウントに使える新しい数字がないので、仕方なく、2桁めに位が上がって「10」になります。

では2進法はというと、これは**0と1の2種類しか使える数字がない**システムです。ひとつのものを1と数えたら、もう使える数字がなくなります。次のカウントで位を上げて「10」にしなければなりません。10進法での「2」は、2進法での「10」なのです。

このシステムがコンピューターに使われているのは、**間違いが起こりにくい**からです。もし10進法で情報を処理したいなら、たとえば、流れる電流の微妙な量の違いで、10通りの信号を表現しなければなりません。しかし2進法なら、「電流を流す」が1、「流さない」が0と、明確に区別できるのです。

07

The world of mathematics

「宇宙を支配する数式」が存在する!?

宇宙の神秘に挑む数学

物理学と数学

素粒子《そりゅうし》と呼ばれる超ミクロの存在や、**はてしない宇宙の謎**に挑む現代の物理学も、数学に支えられています。なぜなら**物理学**の法則は、数式の形で記述されるからです。イタリアの偉大な物理学者**ガリレオ・ガリレイ**（1564～1642年）は、「**自然は数学という言語によって書かれている**」との言葉を遺《のこ》しています。

▲ガリレイ。

宇宙のすべてを支配する数式

左図は、「宇宙のすべてを支配する数式」と呼ばれるものです。現代物理学によって解明された、宇宙の基本的な法則が、ひとつの数式に集約されています。

これをひとつひとつ解説していたら1冊の本でも足りないくらいなので、ここではごく大づかみな紹介をします。

この中には、**重力**《じゅうりょく》をはじめとする、宇宙にはたらく力を表現する部分があります。また、宇宙に存在するものの最小単位とされる素粒

3次元分の空間と1次元分の時間を合わせた
4次元の「時空」での積分

作用

重力

$$S=\int d^4x\,\sqrt{-\det G_{\mu\nu}(x)}\,\Bigg[\frac{1}{16\pi G_N}\Big(R\big[G_{\mu\nu}(x)\big]-\Lambda\Big)$$

$$-\frac{1}{4}\sum_{j=1}^{3}\mathrm{tr}\Big(F_{\mu\nu}^{(j)}(x)\Big)^2+\sum_f \bar{\psi}^{(f)}(x)\,i\not{D}\,\psi^{(f)}(x)$$

重力以外の力

$$+\Big|D_\mu\Phi(x)\Big|^2-V\big[\Phi(x)\big]$$

$$+\sum_{g,\,h}\Big(y_{gh}\,\Phi(x)\,\bar{\psi}^{(g)}(x)\,\psi^{(h)}(x)+h.c.\Big)\Bigg]$$

▲「宇宙のすべてを支配する数式」。ここには、アインシュタインの「一般相対性理論」や、現代の素粒子論の成果が詰め込まれている。「＝」の左側（左辺）の「S」は、「作用」というものを表す。宇宙の中に実現されるのは、この作用が最小になるような状態である。

子や、素粒子に質量を与える**ヒッグス場**と呼ばれるものを表現する部分もあります。

そして、「＝」のすぐ右にある「∫」の記号を見てください。これは**積分**《せきぶん》を表す記号です。積分とは、微小な変化の積み重ね、足し合わせを意味します。

この公式の「＝」の右側（右辺）全体は、**「現在の物理学によってわかっている物理法則を、すべて積分してまとめあげなさい」**という意味になっています。それを計算することで、**「宇宙にどんな状態が実現されるか」を知ることができる**のです。

神秘に満ちた宇宙を、数式だけで表現することができるというのは、本当に驚くべきことです。数学の力があるからこそ、宇宙を科学的に研究することが可能になるのです。

COLUMN 01

純粋数学と応用数学

数学を分類する用語として、**純粋数学**《じゅんすいすうがく》と**応用数学**《おうようすうがく》という言葉が、対比的に使われることがあります。

だいたいのニュアンスでいうと、純粋数学とは、「何かの役に立てよう」と思って研究しているわけではない数学、ということになるでしょう。よくいえば、純粋な真理の探究。悪くいえば、役に立たない「研究のための研究」といったところでしょうか。

対して応用数学は、自然科学や工学、経済学、コンピューター・サイエンス、データ・サイエンスなど、数学以外の実用的な分野に活用できる、「使える数学」を意味していると考えられます。

しかし、数学者の加藤文元《かとうふみはる》は、**このような二分法はもはや意味がない**と指摘しています。なぜなら現在、科学技術はきわめて多様化しているため、数学の中のどんなジャンルの研究も、どこかで実用的に応用される可能性があるからです。

「実用的な使い道のない、純粋な研究」だと思われていたものが実用化された例は、実際、数多く存在します。加藤が挙げているのは、**楕円曲線**《だえんきょくせん》です。これは古くから研究されている数学的対象であり、**有名なフェルマーの最終定理**（202ページ参照）の証明にも利用されましたが、それだけではありません。**ICカード**のセキュリティを守る高度な**暗号技術**にも用いられているのです。

第2章

数学の世界のさまざまな数

01

Various types of numbers

これがなければ数えられない！

数の基本　自然数

とても便利な自然数

この章では、数学の世界を形作っているさまざまな数を楽しんでいきましょう。

「数」といったとき、私たちがまずイメージするのは、ものを数えるときに使う「1、2、3、4……」という数ではないでしょうか。

このような数を、**自然数**《しぜんすう》と呼びます。自然数には、**0を含めることも、含めないこともあります。**

自然数は、当たり前すぎてありがたみを忘れがちですが、とても便利です。

たとえば、あなたが大昔の羊飼いだと思ってみてください。あなたは、自然数を知っているおかげで、自分の羊を管理することができます。数を数えて、「あれ？　5頭いるはずなのに、4頭しかいないぞ」となったら、探さなければなりません。逆に、あなたが自然数を知らなかったら、トラブルに気づくことすらできないのです。

数と演算

羊がもともと2頭いて、そこに1頭もらっ

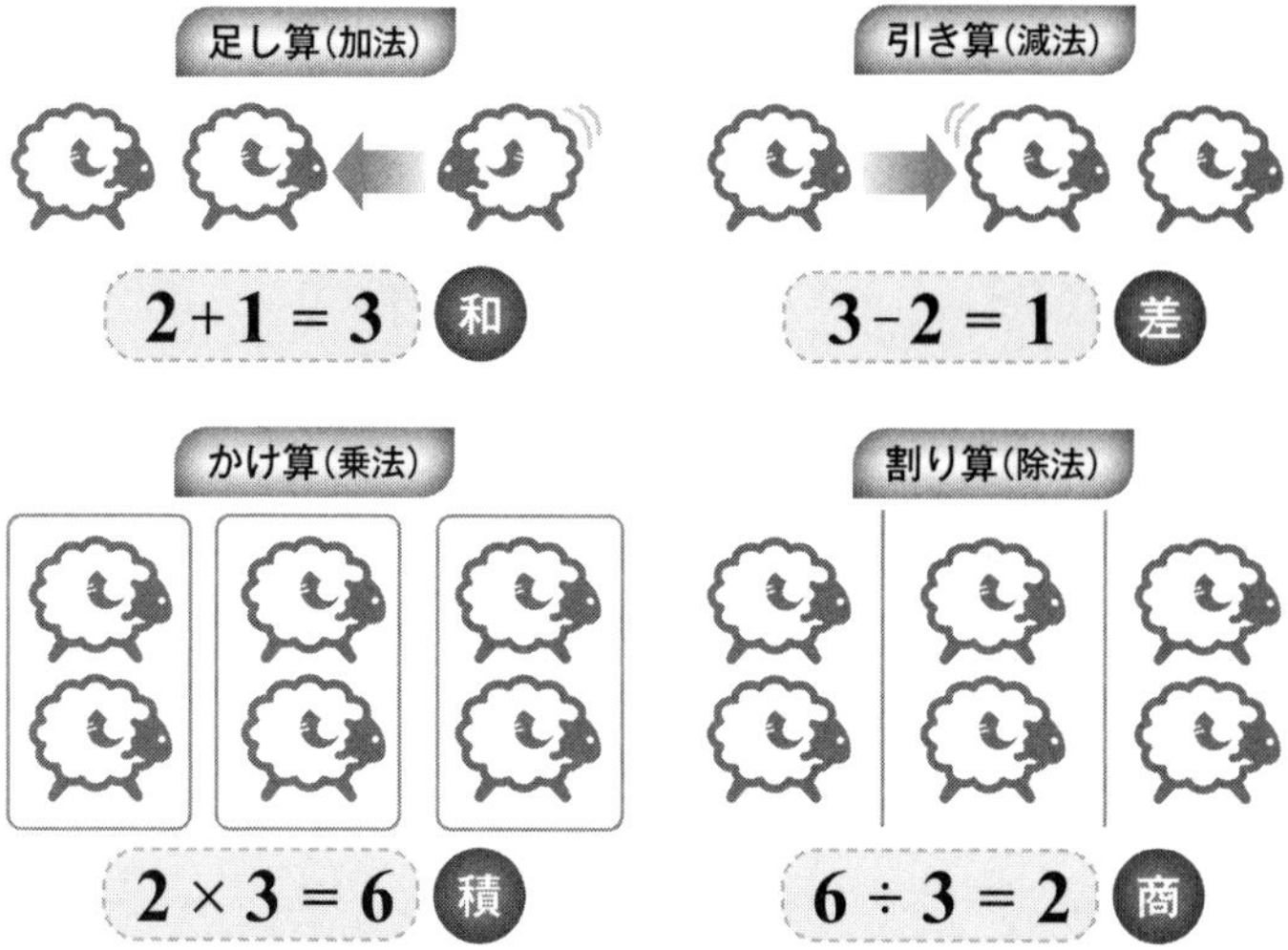

▲「自然数」の「四則演算」（「加減乗除」ともいう）。足し算（加法）の結果（答え）を「和」、引き算（減法）の結果を「差」、かけ算（乗法）の結果を「積」、割り算（除法）の結果を「商」という。

てきたとき、合わせて頭数を数え上げると、全部で3頭になります。**足し算**（**加法**《かほう》）です。「＋」の記号で「2＋1＝3」と書けます。

3頭いた羊のうち、2頭を人にあげたとしたら、残った羊を数えると、1頭になっています。これは**引き算**（**減法**《げんぽう》）であり、「－」の記号を使って「3－2＝1」と書けます。

足し算や引き算のような基本的な操作を、**演算**《えんざん》といいます。演算の仕方を知っていれば、実際に数え上げなくても、知りたい数量を知ることができます。数と演算は、非常に便利なものなのです。

ほかにも、「×」を使って「何倍」を計算する**かけ算**（**乗法**《じょうほう》）と、「÷」を使ってかけ算の逆の計算をする**割り算**（**除法**《じょほう》）があり、＋－×÷を合わせて**四則演算**《しそくえんざん》といいます。

02

Various types of numbers

自然数だけでは扱えないものに迫る

0とマイナスを含めた整数

自然数から整数へ

自然数と四則演算はとても便利ですが、これだけでは扱えないものもあります。

たとえば、羊を3頭もっているAさんが、Bさんに羊を4頭あげなければならなくなったら、どうでしょうか。

これは31ページの「3－2＝1」（3頭の羊のうち、2頭を人にあげる）と似たようなシチュエーションですが、3頭あげた時点で、Aさんの羊は0頭になってしまいます。

では「3－4＝0」かというと、そうではありません。AさんがBさんに3頭の羊をあげて、Aさんの羊が0頭になっても、Bさんは「1頭足りません。あと1頭ください」といってくるでしょう。つまりAさんは、差し引き0になってはおらず、「1頭足りない状態」であり、「もう1頭渡さなければならない状態」なのです。

これは、「−1」と表されます。「3－4＝－1」です。このようにして、**負**《ふ》**（マイナス）の数**を考えることができます。

そして、自然数（1、2、3……）と0と、自然数にマイナスの記号をつけた数（−1、−2、−3……）を合わせて、**整数**《せいすう》といいます。

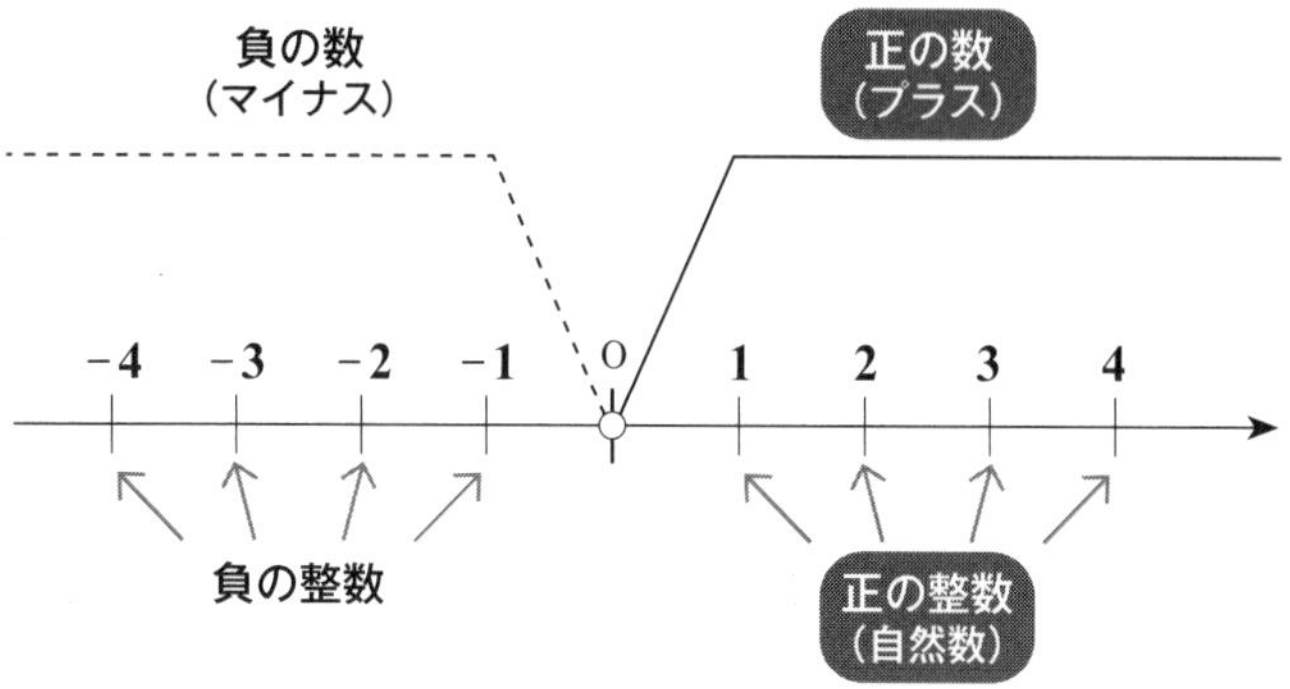

▲「数直線」を考えると、負の数を「逆の方向」としてイメージすることができる。なお、ここでは「自然数」を、0を含まない正の整数としている（自然数に0を含める考え方もある）。0自体は、正の数でも負の数でもない。また、整数と整数との間には、「分数」（38ページ参照）や「小数」（40ページ参照）がある。

負の数をイメージするには

現代の私たちにとっては、負の数をイメージするのは難しくありません。

負の数を見せてくれる強力な装置として、**数直線**《すうちょくせん》があります。上図のように、0を基準にしてその右側を**正**《せい》**（プラス）の数**、左側を負の数とするのです。

ただし、実際のところヨーロッパでは、数直線はなかなか用いられず、負の数も長い間認められませんでした。偉大な哲学者であり数学者であった17世紀の**ブレーズ・パスカル**（100ページ参照）すら、「0から4を引いたら0だ」（つまり、何もない0からはそれ以上引けない）と考えていたようです。

03

Various types of numbers

シンプルだけれど奥が深い！

神秘の数　素数

▼素数とは何か

自然数の中には、**素数**《そすう》と呼ばれる特別な数があります。奥の深い数で、数学好きの中には「素数ファン」の人も少なくありません。

素数とは、**1よりも大きい自然数で、正の約数**《やくすう》**が1と自分自身だけのもの**のことです。**約数**とは、ある整数を割りきることができる（割って余りが出ない）整数のこと。

どんな自然数も、1と自分自身では割りきれます。たとえば11は、1で割ると割りきれて商《しょう》（割り算の結果）が11（自分自身）。11

▼1から100までの「自然数」の中で、グレーにしている数が「素数」。素数の表れ方にどんな規則性があるのか（そもそも規則性があるのかどうか）は、現在でも数学の大きな謎のひとつである。

1	2	3	4	5	6	7	8	9	10
11	12	13	14	15	16	17	18	19	20
21	22	23	24	25	26	27	28	29	30
31	32	33	34	35	36	37	38	39	40
41	42	43	44	45	46	47	48	49	50
51	52	53	54	55	56	57	58	59	60
61	62	63	64	65	66	67	68	69	70
71	72	73	74	75	76	77	78	79	80
81	82	83	84	85	86	87	88	89	90
91	92	93	94	95	96	97	98	99	100

1 …… 素数ではない（合成数でもない）

2 …… 約数 1, 2（自分自身） → 素数

3 …… 約数 1, 3（自分自身） → 素数

4 …… 約数 1, 2, 4（自分自身） → 合成数

5 …… 約数 1, 5（自分自身） → 素数

6 …… 約数 1, 2, 3, 6（自分自身） → 合成数

7 …… 約数 1, 7（自分自身） → 素数

▲「約数」とは、ある整数を割りきることができる整数のこと（ここでは正の整数だけを考えている）。「1と自分自身」以外の約数をもたない、1よりも大きい自然数のことを、「素数」という。また、1よりも大きい自然数の中で、素数ではないものを「合成数」という。1は素数でも合成数でもないというふうに定義される。

で割ると割りきれて商が1です。そして、1と11以外に11を割りきることのできる約数はないので、11は素数です。

素数と合成数

1よりも大きい自然数で、素数ではないものは**合成数**《ごうせいすう》と呼ばれます。少し例を見てみましょう（上図も参照）。

2は、約数が1と2（自分自身）のふたつだけなので、素数です。3も同様です。

しかし4は、1と2と4を約数にもちます。このうち、2は1でも自分自身でもありません。したがって、4は素数ではなく、合成数だということになります。

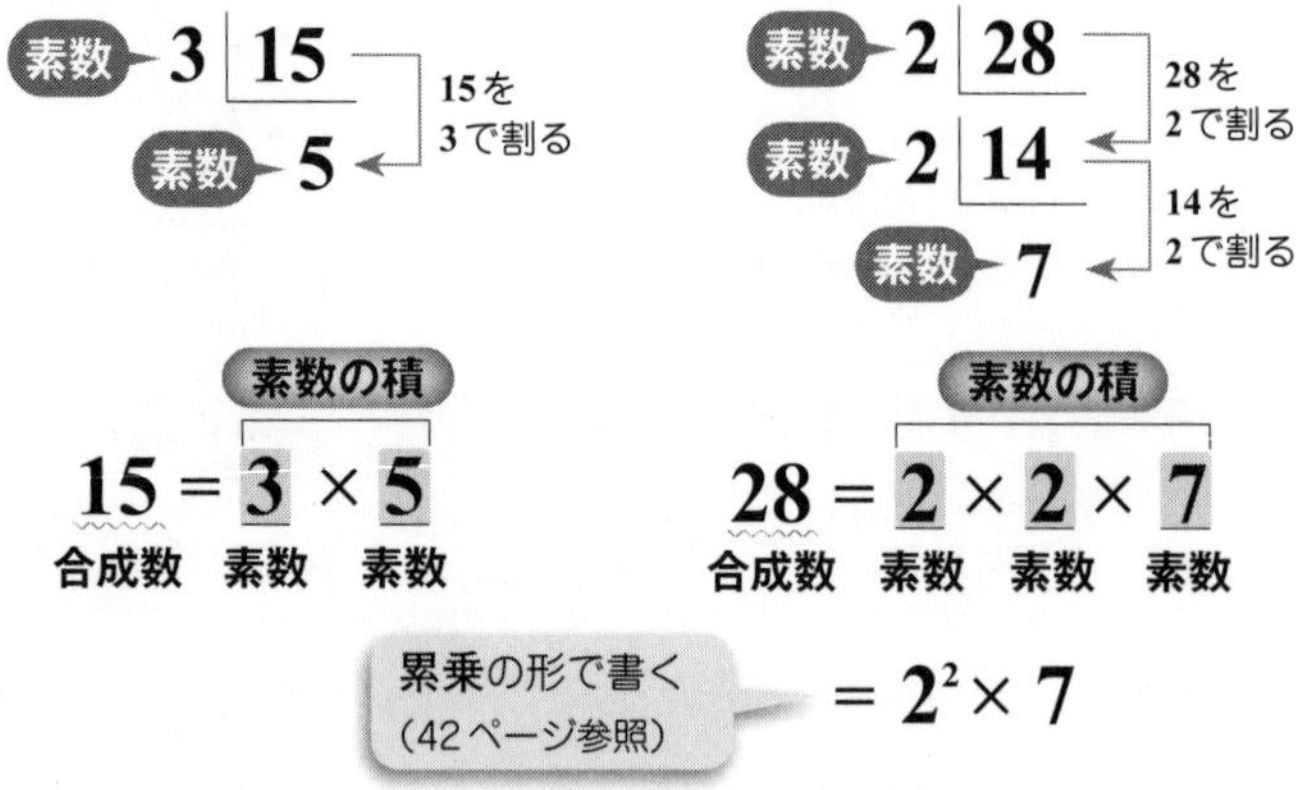

▲「合成数」を「素数」の積（かけ算の結果）の形で表現することを、「素因数分解」という。どんなに大きい合成数でも、素数の組み合わせとして書ける。これは、さまざまな物質が、超ミクロの「素粒子」（この宇宙に存在するものの最小単位）の組み合わせとして成り立っているのとよく似ている。

素数の面白い性質

素数の面白いところのひとつは、素数以外の**あらゆる合成数を、素数の組み合わせで表せる**ことです。たとえば15という合成数は、素数3と素数5の**積**《せき》（かけ算の結果）として表現できます。このように、合成数を素数の積の形で表すことを、**素因数分解**《そいんすうぶんかい》といいます。

また、自然数は**無限**にあり、どこまでも数えつづけても「終わり」がありませんが、**素数も無限に存在する**ことがわかっています。

しかし、自然数を数える中で、**どんなパターンで素数が出てくるのか**は、まだ不明です。昔から研究されてきましたが、**法則性があるのかどうかすら判明していない**のです。

自然界にもある素数

素数は、自然界にも見られます。

たとえば、アメリカに生息するセミの中には、**きっちり13年ごとに羽化《うか》するセミ**と、**きっちり17年ごとに羽化するセミ**がいます。13と17はともに素数なので、これらのセミは**素数ゼミ**と呼ばれます。羽化の周期が素数である理由は、いまだによくわかっていませんが、次のような説が有力視されています。

羽化の周期が合成数のセミは、同じ約数をもつ別の周期のセミと、ときどき同じ年に羽化します。すると交雑が起こり、雑種が発生しますが、雑種は羽化の周期がズレてきて、成虫になったときの出会いが少なくなり、個体数が減って滅んでしまいます。

一方、素数周期のセミは、ほかの種類と同時に羽化することが少ないため、種が長く存続しているのではないかと考えられます。

▼「素数ゼミ」の一種。(写真：Martin Hauser)

04

Various types of numbers

整数と整数との「比」を表現

分母と分子からなる分数

▼割り算と分数

たとえば6個のリンゴをふたりで分けるとき、ひとりの取り分は、割り算を使って、

$$6 \div 2 = 3$$

というふうに計算できます。6は2で割りきれるので、この**商**（割り算の結果）は正の整数の範囲に収まっています。

では、1個のリンゴをふたりで分けたい場合はどうでしょうか。1は2で割りきれませんが、だからといって、「1個のリンゴをふたりで分けることはできない」というわけではありません。実際、リンゴを半分にすれば分けられます。

「半分」は、0よりも大きく、1よりも小さい数です。このような、整数と整数の「間」を表現する方法のひとつが、**分数**《ぶんすう》です。

$$1 \div 2 = \frac{1}{2}$$

というふうに表記します。

「1÷2」の割り算では、1を**割られる数**、2を**割る数**といいます。これが分数で表記されると、割る数は下側の**分母**《ぶんぼ》に、割られる数は上側の**分子**《ぶんし》にもってこられます。ちなみに、分数の真ん中の線は**括線**《かっせん》といいます。

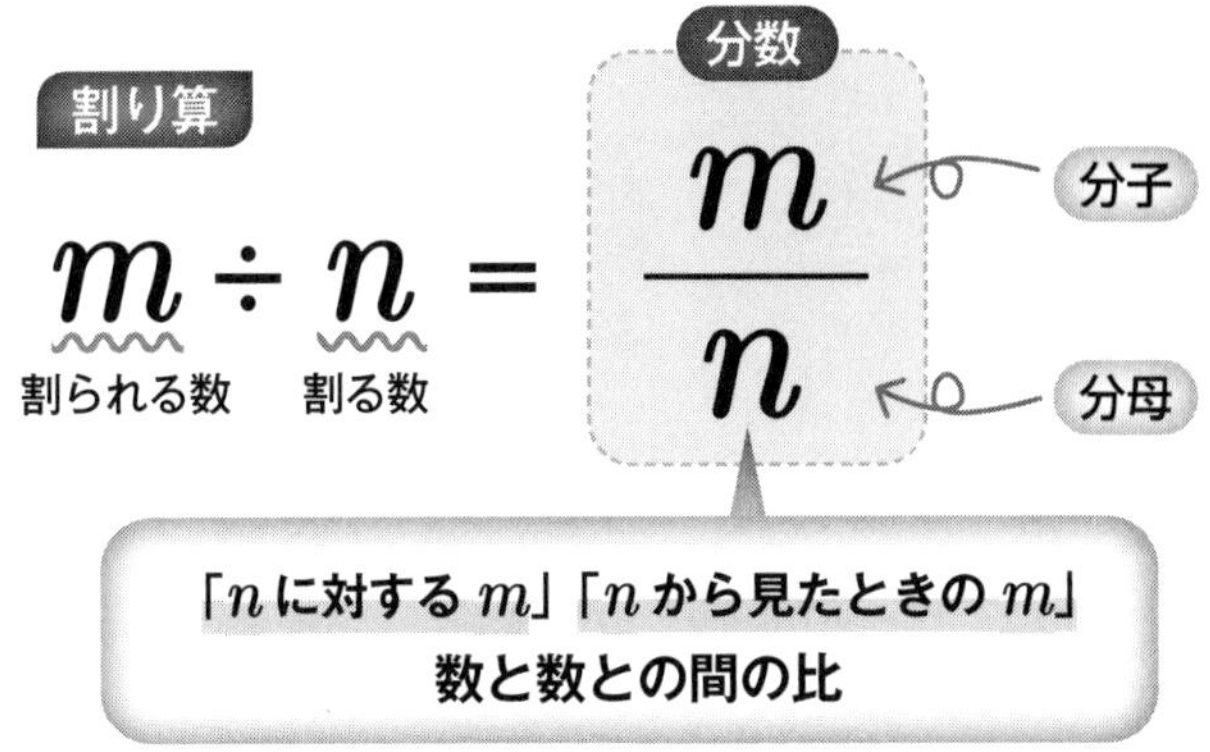

▲「分数」の考え方。分数とは、「割る数」を基準にして「割られる数」を見たときの割合を表す「比」であると考えることができる。分数の歴史は非常に古く、古代エジプトのパピルスにも記されていた（61 ページ参照）。

整数どうしの比

分数の面白さを、もう少し見ていきましょう。分数は、割られる数をm、割る数をnとして、「$\frac{m}{n}$」の形になりますが、これは**「nに対するm」**という比を意味しています。いいかえると、**「nから見たときのm」**です。

たとえば「$\frac{1}{2}$」という分数は、「2に対する1」「2から見たときの1」を表します。

あなたが、割る数の2だと思ってみてください。あなたが割られる数の1を見たら、「自分に比べて、半分の大きさだ」と思うはずです。その「半分の大きさ」という比（割合）こそが、「$\frac{1}{2}$」なのです。分数は、**整数と整数の間の比**を意味します。

05

Various types of numbers

整数と小数点との組み合わせ

細かい数を表現する小数

▼割り算を小数で表す

分数は、ある意味、割り算そのものなので、**整数の割り算はどんなものでも、分数で表すことが可能**です。しかし、1個のリンゴをふたりで分けるとき、分数ではない形で計算することもできます。

1 ÷ 2 ＝ 0.5

というふうに、**小数点**《しょうすうてん》という点を用いて、小数で表すのです。**小数**《しょうすう》も、整数と整数の間を表現できます。そして、**すべての分数は、小数で表すことができます**。

▼たとえば、Ⓐ「10 ÷ 2」という計算と、Ⓑ「1 ÷ 2」という計算はよく似ている。違いは、割られる数の桁がひとつ異なることだけである。そこで、Ⓑの割られる数「1」を、「小数点」を使って「1.0」と表せば、Ⓐと同じような筆算で、「小数」の答えを得ることができる。

Ⓐ10 ÷ 2 ＝ 5　　**Ⓑ1 ÷ 2 ＝ 0.5**

筆算

```
     5
2 ) 1 0
    1 0
    ---
      0
```

筆算

```
    0.5
2 ) 1.0
    1 0
    ---
      0
```

$\frac{1}{2} = 1 \div 2 = 0.5$

$\frac{11}{8} = 11 \div 8 = 1.375$

} **有限小数**

$\frac{1}{3} = 1 \div 3 = 0.333\cdots = 0.\dot{3}$

この部分を無限にくり返す

$\frac{8}{7} = 8 \div 7 = 1.142857142857\cdots = 1.\dot{1}4285\dot{7}$

この部分を無限にくり返す

} **循環小数**

$\sqrt{2} = 1.41421356\cdots$

$\pi = 3.14159265\cdots$

} **循環しない無限小数**

} **無限小数**

▲「小数」の種類。整数を分母子にもつ分数は、すべて「有限小数」か「循環小数」で表すことができる。逆に、「循環しない無限小数」は、整数を分母子にもつ分数では表せない。

さまざまな小数

「$\frac{1}{2}$」や「$\frac{11}{8}$」は計算すると、小数点以下のどこかで割りきれ、数字の並びが止まります。このような小数を、**有限小数**《ゆうげんしょうすう》といいます。

一方、数字の並びが止まらない小数は**無限**《むげん》**小数**《しょうすう》と呼ばれます。

その中でも、「$\frac{1}{3}$」や「$\frac{8}{7}$」のように、同じ数字の並びを無限にくり返すものを、**循**《じゅん》**環小数**《かんしょうすう》といいます。

2の正の**平方根**《へいほうこん》（45ページ参照）である$\sqrt{2}$や、**円周率**《えんしゅうりつ》 **π**（パイ）のように、**循環しない無限小数**もあります。**循環しない無限小数は、分数では表すことができません。**

「同じ数のかけ合わせ」とその逆演算

累乗と累乗根

累乗とは何か

41ページで「平方根」の話が出てきたので、これにかかわる考え方を見ていきます。「累《るい》乗《じょう》」と「累乗根《るいじょうこん》」です。

累乗とは、同じ数を何度もかけ合わせることです。たとえば、2という数を4個かけ合わせる場合、「2×2×2×2」という計算になりますが、これを「2の4乗」といい、「2^4」と簡潔に表現されます。「かけ合わせる個数」（4）が、「かけ合わされる数」（2）の右肩に、小さい数字として乗っています。

▼「累乗」の表記法。何回もかけ算をくり返すことを、簡潔に表現できる。桁数の大きい数を表記するときなどに便利である。

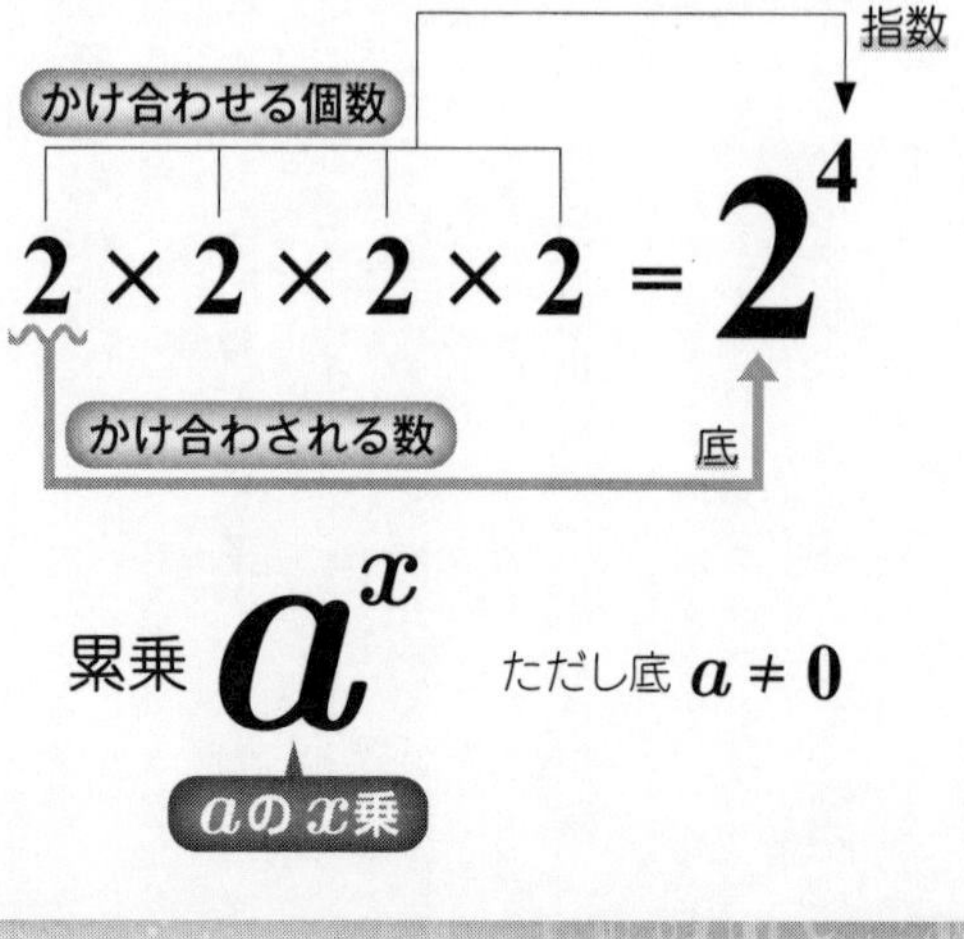

指数が自然数のとき → 累乗

$$a^x = \underbrace{a \times a \times \cdots \times a}_{x\text{個かけ合わせる}}$$

指数が自然数ではないとき → べき乗

$$a^0 = 1$$

$$a^{-x} = \frac{1}{a^x}$$

$$a^{\frac{m}{n}} = \sqrt[n]{a^m} = \left(\sqrt[n]{a}\right)^m$$

▲「累乗」の「指数」を、自然数以外に拡張したものを、「べき乗」という。その計算方法は、上図のように定義されている。

このとき、「かけ合わされる数」を**底**《てい》といい、「かけ合わされる個数」を表す右肩の数字を**指数**《しすう》といいます。

ちなみに、**方程式**の**未知数**や**関数**の**変数**となるxなどの指数を、特に**次数**《じすう》といいます。「1次方程式」や「2次関数」といった用語に出てくる「次」とは、この次数のことです。

指数は自然数だけではない

指数になるのは、自然数だけではありません。0やマイナスの数、分数なども、指数になることができます。

「2を5個かけ合わせる」といった、指数が自然数である累乗はイメージしやすいですが、

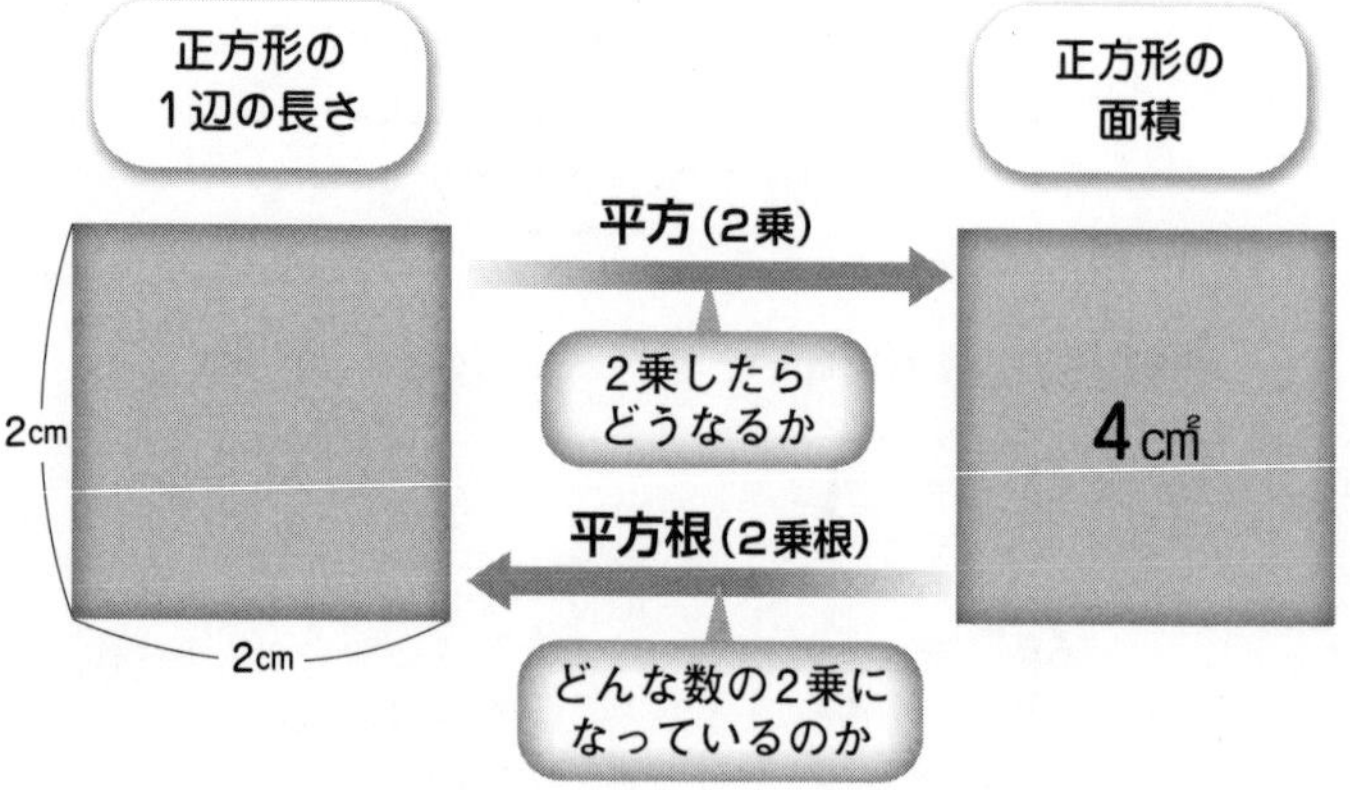

▲「2乗」を表す「平方」は、正方形の面積（1辺の長さの2乗）のことだと思えばよい。2乗（平方）の逆演算が、「平方根を取ること」である。ちなみに、「3乗」を表す「立方」は、立方体の体積（1辺の長さの3乗）としてイメージできる。

「0個かけ合わせる」「-2個かけ合わせる」「2分の1個かけ合わせる」などは、なかなか直観的にイメージできません。しかし、そういうものも数学的に定義されているのです（43ページの図を参照）。累乗の指数を自然数以外に拡張したものを、**べき乗**といいます。

累乗根

累乗の中でも最も簡単な2乗は、**平方**《へいほう》ともいいます。**正方形**をイメージしてください。たとえば、**1辺の長さ**が2センチの正方形があるとして、この1辺の長さを2乗すれば、4平方センチという**面積**が求められます。

逆に、面積だけがわかっていて、そこから

aのn乗根：n乗するとaになる数

i) nが奇数のとき，aのn乗根は $\sqrt[n]{a}$

ii) nが偶数のとき，

$a>0$ならば　aのn乗根は $\pm\sqrt[n]{a}$

$a<0$ならば　aのn乗根は**存在しない**（実数には）

▲「累乗根（n乗根）」の性質をまとめると、上図のようになる。

1辺の長さを知りたいケースもあるでしょう。そんなときは、4という数が「どんな数の2乗になっているか」を考える必要があります。「2乗して4になる数」を、4の**平方根**といいます。4の平方根は2と-2ですが（負の数と負の数をかけると正になるので、-2を2乗すると4）、辺の長さは正の値のはずですから、求める1辺の長さは2センチです。

平方根の**根**《こん》とは、「平方（2乗）される前の、もとの数」といった意味合いです。英語では**ルート**で、√の記号で表されます。

3乗のことは**立方**《りっぽう》といいますが、これにも**3乗根**（**立方根**《りっぽうこん》）が存在します。そして、さらに延長し、nを2以上の自然数としてn乗根を考えることができます。これを**累乗根**あるいは**べき根**といいます。

07
Various types of numbers

「整数の比」で表せる数と表せない数

有理数と無理数

分数で表せない数

すべての分数は小数の形で表すことができるけれども（40ページ参照）、**小数の中には分数の形で表せないものがある**（41ページ参照）という話をしました。

分数とは、**整数と整数の比**です（39ページ参照）。そのような形で表せる数を、**有理数**《ゆうりすう》といいます。しかし、この世に実在する数の中には、有理数ではないものもあるのです。そのような数のことを**無理数**《むりすう》といいます。無理数は、**循環しない無限小数**になります。

▼「有理数」も「無理数」も、同じ数直線上に乗っており、大小を比べることができる。「有理数」と「無理数」によって、「実数」（48ページ参照）が構成される。

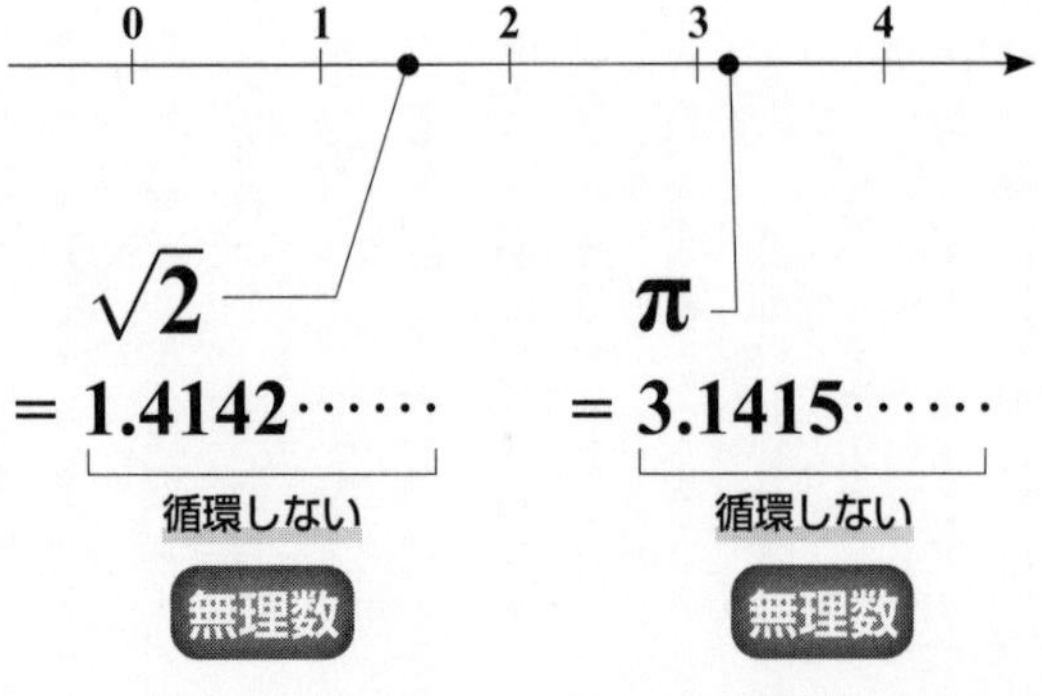

有理数 $\dfrac{\text{整数}}{\text{整数}}$ の形で表せる

整数 $1 = \dfrac{1}{1} = \dfrac{2}{2} = \dfrac{3}{3} = \cdots$

$2 = \dfrac{2}{1} = \dfrac{4}{2} = \dfrac{6}{3} = \cdots$

分数 $\dfrac{1}{2}, \dfrac{1}{3}, \dfrac{1}{4}, \cdots$

有限小数 $0.25 = \dfrac{25}{100}$

循環小数 $0.333\cdots = 0.\dot{3} = \dfrac{1}{3}$

無理数 $\dfrac{\text{整数}}{\text{整数}}$ の形で表せない

$\sqrt{2} = 1.41421356\cdots\cdots, \quad \pi = 3.14159265\cdots\cdots$

▲「有理数」と「無理数」の例。$\sqrt{2}$だけではなく、$\sqrt{3}$や$\sqrt{5}$なども無理数である。また、円周率πは「超越数」(54ページ参照)でもある。

無理数の例

無理数の例には、$\sqrt{2}$があります。これは2の**平方根**のうち正のもので、小数として表すと、「1.41421356……」と循環しない数字が無限に続きます。

また、**円周率**πも無理数です。これは、**円周の長さ**を**直径の長さ**で割れば計算できるのですが(54ページ参照)、「3.14159265……」と、やはり循環しない無限小数になります。

2の平方根も円周率も、確かに存在する数なのに、不思議なことに、整数の比の形で表すことができないのです。しかし、右図のように数直線上に表し、ほかのいろいろな数との大小を比べることはできます。

08

Various types of numbers

「実数」の範囲を超えて数が拡張される！

虚数と複素数

2乗してマイナスになる数

有理数と**無理数**のすべてを合わせて、**実数**《じっすう》といいます。実数は、数直線上に表される正と負のすべての数ですが、数はこれで全部ではありません。さらに面白い数が考案されます。「**2乗するとマイナスになる数**」です。

私たちは中学校で、「**負の数と負の数をかけると、正の数になる**」と教わります。このルールのもとでは、負の数を2乗すると正の数になります。正の数の2乗も、もちろん正の数です。ですから、数直線上に表される正の数と負の数の中には、「2乗するとマイナスになる数」は存在しません。

しかし、たとえば2次方程式を解くときなど、どうしても「2乗するとマイナスになる数」を想定しなければならないときがあります。そこで考え出されたのが、iという文字で表される**虚数単位**《きょすうたんい》です。これは、「2乗すると-1になる数」です。

この数は、正の数でも負の数でもなく、数直線上に表せません。「だったら、そんな数はありえないだろう」と思われるかもしれませんが、そんな数がありうることを、これから説明します。

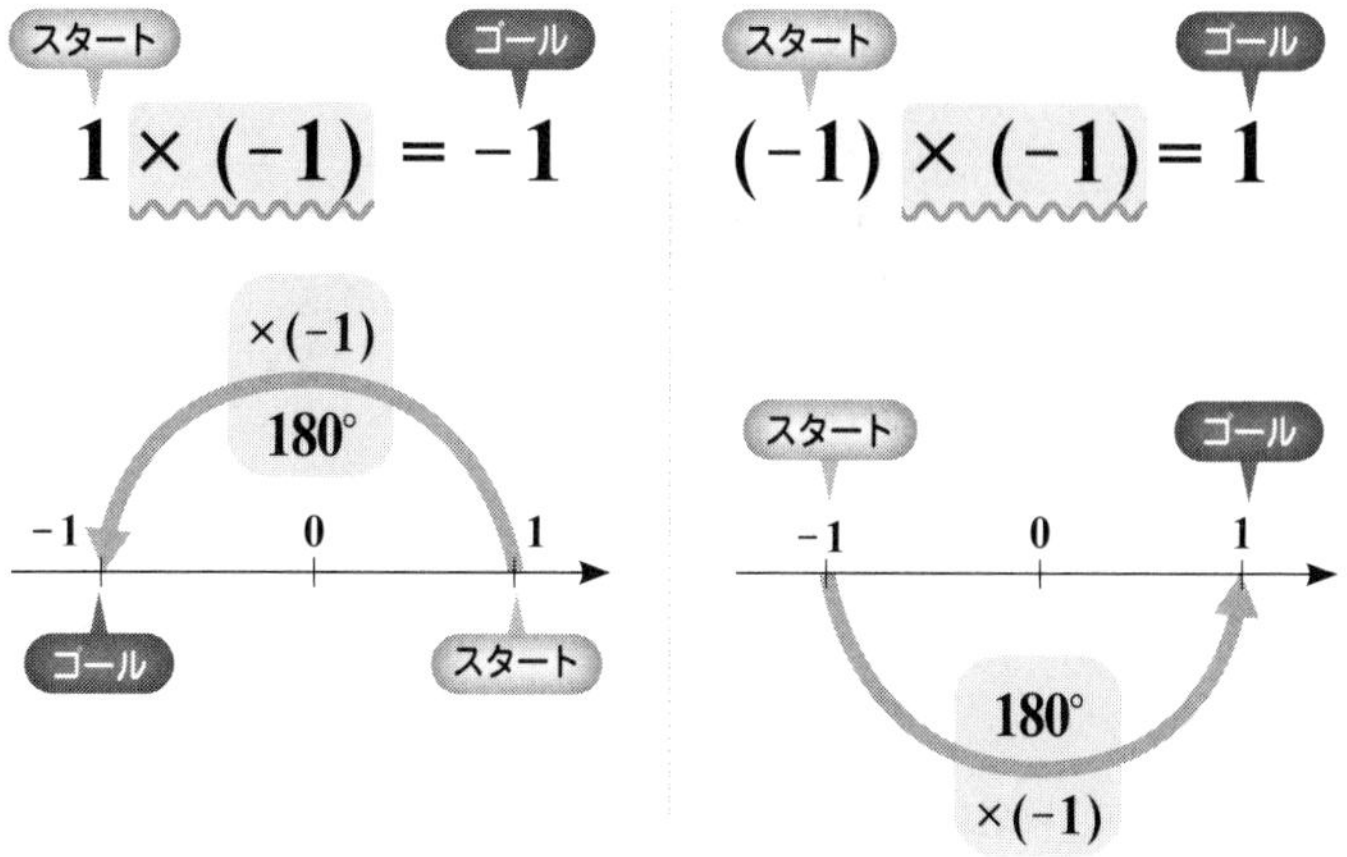

▲「マイナスにマイナスをかけるとプラスになる」のは、「−１をかけること」が「180°の回転」として定義されているからである。このルールをもとに、「2乗するとマイナスになる数」を考えることができる。「2乗するとマイナスになる数」は、単に「正の数でも負の数でもない」だけであり、自然なものとして想定することが可能である。

「負の数をかける」ということ

そもそも、「負の数をかける」とはどういうことでしょうか？

「-1をかけること」は、数直線上で**逆方向になること**を意味します。それはつまり、上図のように、**１８０度回転すること**です。

1に-1をかけると-1になります。また、-1に-1をかけると1になります。

「数直線上での１８０度の回転」として定義されているからこそ、「負の数に負の数をかけると、正の数になる」のです。

これはあくまで数学上の決めごとであり、作られたルールなのですが、このようなルールにするのが最も自然でスムーズなのです。

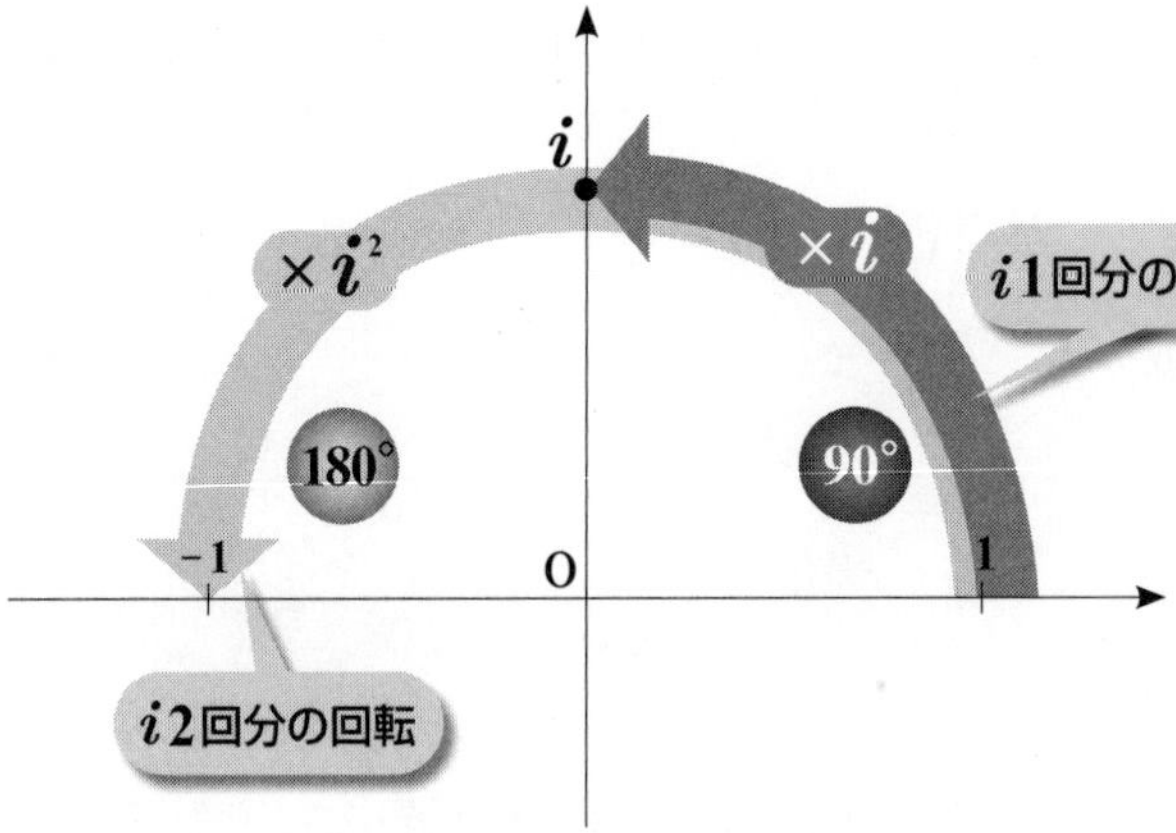

▲ iは「2乗する（2回かける）と－1になる数」であり、1にi^2をかけると－1になる。このことから、「iを2回かけると180°回転する」ということがわかり、「iを1回かけると90°回転する」ということもわかる。

「iをかける」ということ

これを踏まえて、「2乗すると-1になる数」iを考えましょう。1にiの2乗をかけると、

$$1 \times i^2 = 1 \times (-1) = -1$$

ということで、-1になります。

つまり、**iを2個（2回）かけると、180度回転になる**のです。それなら、**iを1回かけると、半分の90度回転になる**はずです。

1にiをかけた数はiです（「1i」の1は省略されます）。このiは、1から90度回転した先であり、上図のように、数直線に垂直な縦軸上の点として表されます。2乗すると-1になる数iは、数直線上にはなくても、このような形で**確かに存在している**のです。

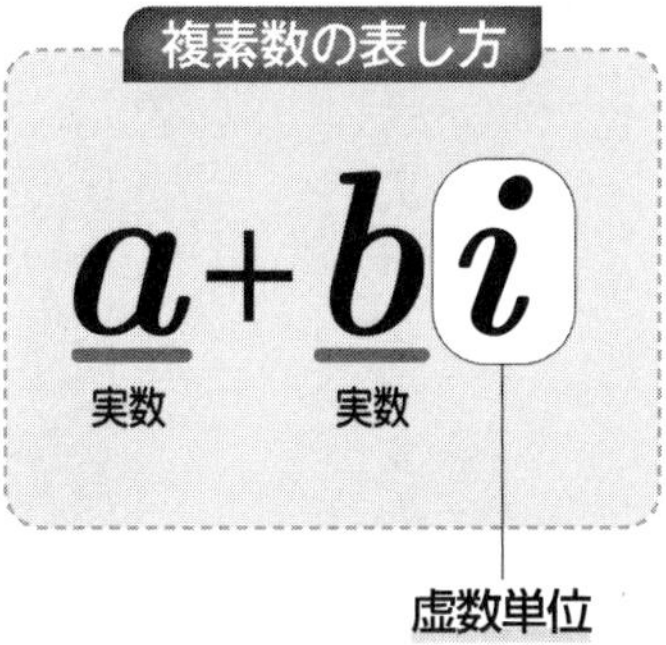

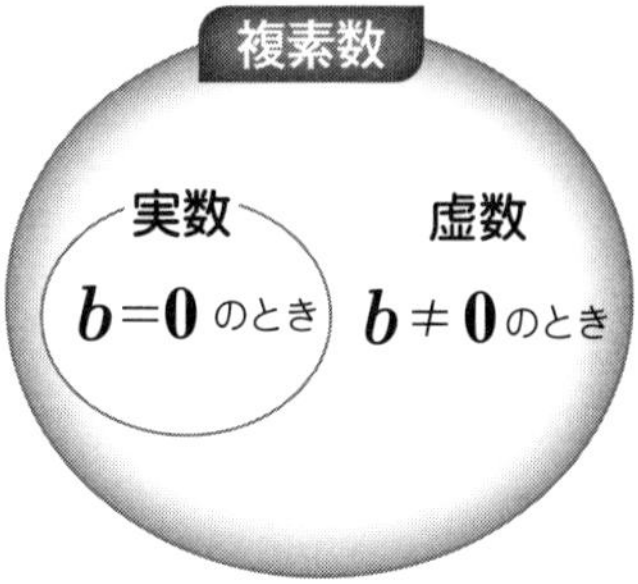

▲「2乗すると−1になる数」であるiを使って、「複素数」という数の世界を開くことができる。私たちがよく知る「実数」は、その複素数の中の一部でしかない。iは物理学の「量子力学」にも用いられ（189ページ参照）、現代の科学文明を支えている。

複素数の世界

iが導入されたことで、数直線の外にも数が存在することがわかりました。こうして実数から拡張された数の世界を、**複素数**《ふくそすう》といいます。複素数は、aとbを実数として、

$$a+bi$$

という形で書かれます。

その中でも、**bが0のとき**は、残るのはaだけなので、単なる実数です。

しかし、**bが0でないとき**は、$a+bi$は実数ではありません。そのような数は**虚数**《きょすう》と名づけられました。虚数も含めた複素数という広いフィールドを手に入れることで、数学はさらに発展しました。

09

Various types of numbers

方程式の解にならない数
超越数とは何か

方程式の解が数を拡張

自然数から複素数まで、数の世界を旅してきましたが（下図参照）、この章で紹介した数の広がりは、**方程式の解**（17ページ参照）としてとらえ直すことができます。

たとえば、「もともとリンゴをいくつかもっていて、さらにひとつもらった。そこで数を数えてみると、全部で4つだった。もともともっていたリンゴは、いくつだったのだろう?」といったごく自然な疑問を、方程式で表すと、左図の**方程式**❶のようになりま

▼「数」の分類。この図では、0と「自然数」とを区別しているが、0を自然数に含める分類の仕方もある。

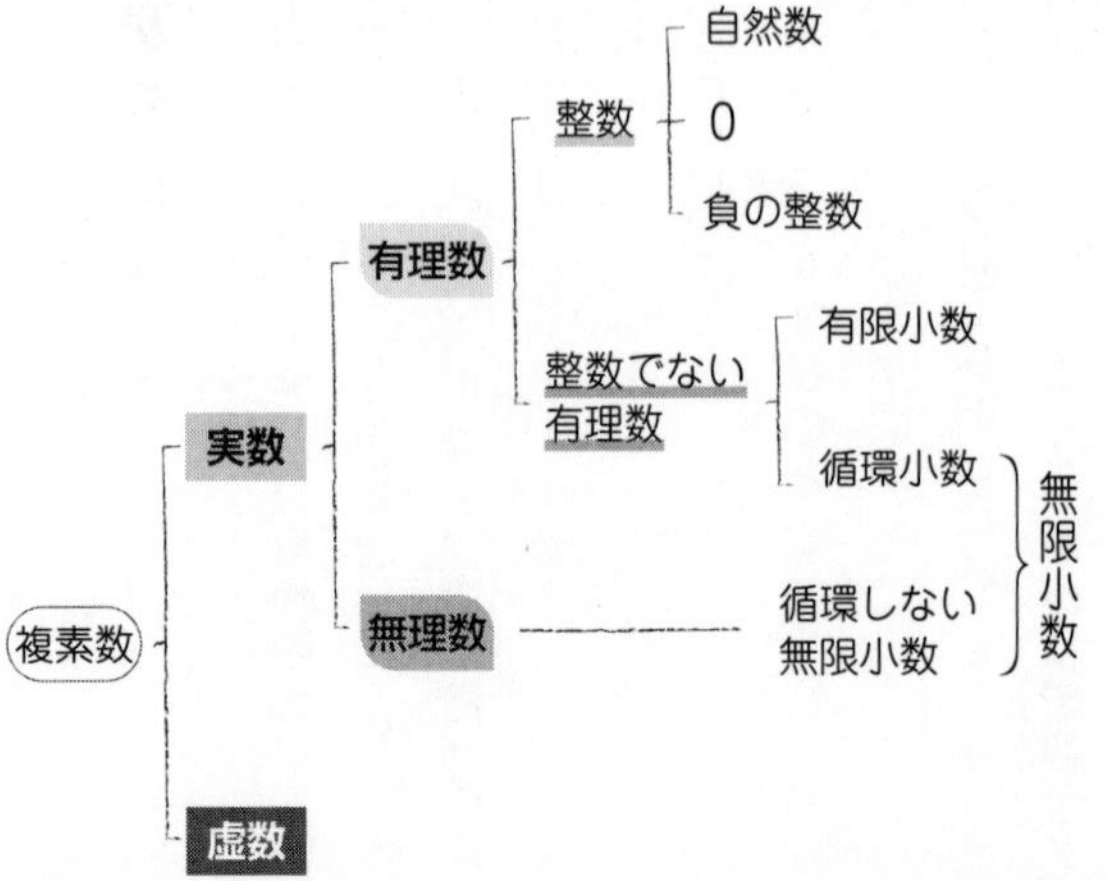

方程式❶ $x+1=4$
解 $x=3$ 自然数

方程式❷ $x+1=1$
解 $x=0$（ゼロ）

方程式❸ $x+1=0$
解 $x=-1$（負の整数）

整数

方程式❹ $2x=1$
解 $x=\frac{1}{2}$ 分数

有理数

方程式❺ $x^2=2$
解 $x=\pm\sqrt{2}$ 無理数

実数

方程式❻ $x^2=-1$
解 $x=\pm i$ 虚数

複素数

▲「方程式を解く」という代数的な操作により、0や負の整数、分数、無理数、そして虚数も、方程式の解として得ることができる。

す。これを解くと、解として、3という**自然数**が与えられます。

❶とほぼ同じ形の❷❸からは、0や負の数を含む**整数**の解が見つかります。❹からは**分数**、❺からは**無理数**、❻からは**虚数**の解が導き出され、その都度、数の世界が拡張されてきました。

代数的数と超越数

このように発見されてきた数は、「方程式を解く」という**代数**（16ページ参照）的操作から得られた数なので、**代数的数**《だいすうてきすう》と呼ばれます。

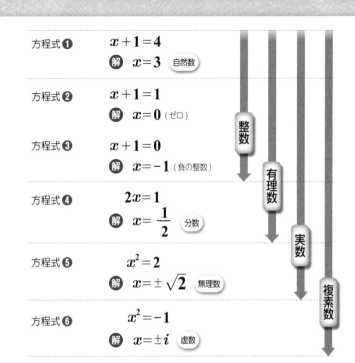

（円の直径に対する）
円周の長さの比率

$$\text{円周率}\ \pi = \frac{l}{2r} \quad \begin{matrix}\text{（円周）} \\ \text{（直径）}\end{matrix}$$

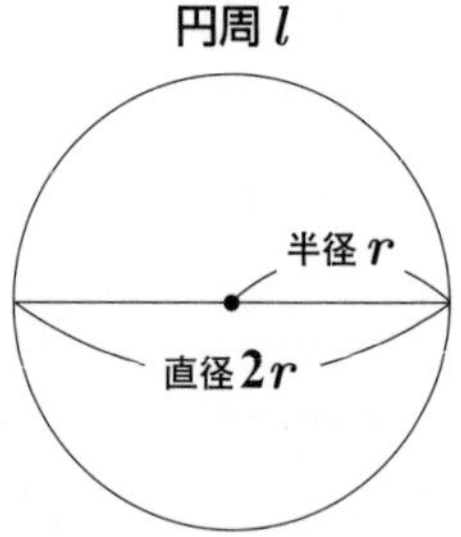

$$= 3.14159265\cdots\cdots$$

▲「円周率」は、「円の直径に対する、円周の長さの比率」であり、円周の長さを円の直径の長さで割るだけで求められる、「幾何学」的にはとても簡単な値である。しかし「代数学」的には、方程式の解としてこの数を導き出すことはできないのである。

しかし、これが数のすべてではありません。じつは、代数方程式の解として得られることのない数も存在するのです。そのような数を、**超越数**《ちょうえつすう》といいます。

「方程式の解として得られない」とか「超越」とか、とんでもないもののように思われるかもしれませんが、身近な数の中にも超越数はあります。代表例は、**円周率 π** です。

円周率とは、**円の直径に対する、円周の長さの比率**のことです。「円の直径の長さを基準にすると、円周の長さは何倍だろう？」と計算すると、その比率は「3.14159265……」という無限小数になります。どんな円でもそうなるというのが面白いところですが、それだけでなく、円周率は、代数学的ルートからはたどり着くことのできない超越数なのです。

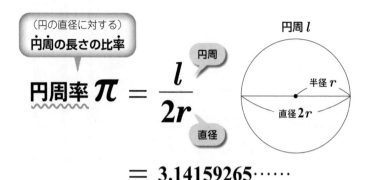

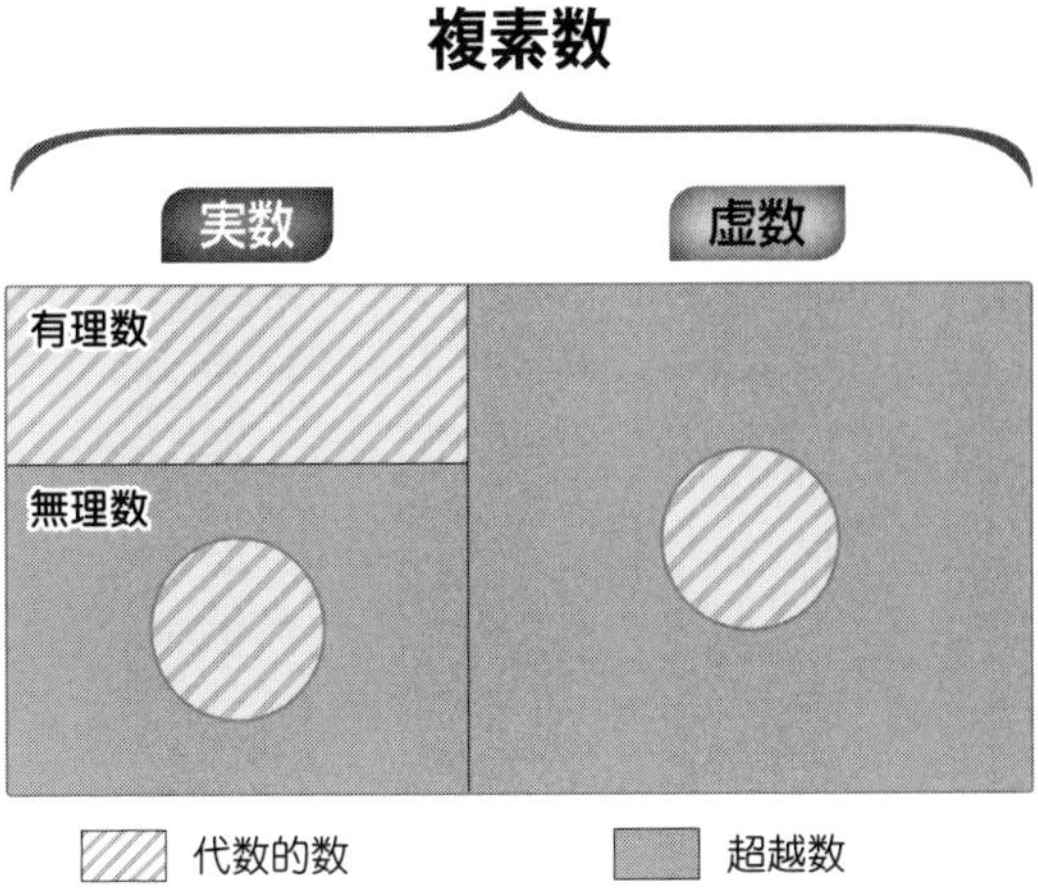

▲「複素数」の範囲における、「代数的数」と「超越数」の関係のイメージ。超越数のほうが数が多い（正確にいえば「濃度が大きい」）が、「超越数であるとわかっている数」は、今のところわずかしかない。

超越数の神秘

超越数としてはほかに、**ネイピア数**e（18ページ）が有名です。このネイピア数も無理数であり、「e＝2.71828182……」という循環しない無限小数です。πもeも19世紀後半に、超越数であることが証明されました。

しかし、たとえばπとeを足しただけの「$\pi+e$」という数については、超越数なのか代数的数なのか、判明していません。**ある数が超越数なのかどうかを調べるのは、とても難しいの**です。

超越数は、複素数の中に膨大に存在していますが、人類が「これは間違いなく超越数である」と知っているものは、ごく少数です。

COLUMN 02

四元数と八元数

実数から**複素数**へと数を拡張する際、「2乗すると−1になる数」であるi（**虚数単位**）を導入しました。（48ページ参照）。ここにさらに、別の種類の「2乗すると−1になる数」として、jとkを導入して、

$$a + bi + cj + dk$$

という形の数を考えることができます。複素数をさらに拡張したこの新しい数を、**四元数**《しげんすう》といいます。四元数を発見したのは、アイルランドの数学者**ウィリアム・ローワン・ハミルトン**（1805〜1865年）です。

複素数がふたつの要素の足し算（$a + bi$）でできていたのに対して、四元数は4つの要素の足し算でできています（3つの要素では、数のシステムをうまく作れません）。

複素数には、「かけ算の順序を入れ替えても、計算結果は変わらない」という**交換法則**《こうかんほうそく》が成り立ちます。しかし四元数には、

$$ij = -ji = k,\ jk = -kj = i,\ ki = -ik = j$$

という規則があり、これは**交換法則が成り立たない**ことを示しています（マイナスにご注目）。複素数から四元数へと数が拡張される代償として、交換法則が失われたのです。

ちなみに、四元数をさらに拡張した**八元数**《はちげんすう》では、さらに**結合法則**《けつごうほうそく》が成り立たなくなります。結合法則とは、次のように「どこからかけ算をしても、計算結果は変わらない」という法則です。

$$abc = a(bc) = (ab)c$$

第3章

古代と中世の数学

01

The beginning of mathematics

古代メソポタミアの数学

文明は高度な数学を生んでいた！

文明の始まり

この章からは、ロマンあふれる数学の歴史を追っていきます。

人類は、文字を発明するよりもずっと前から、数を数えていました。その証拠は、太古の人間が動物の骨に残した刻み目です。3万7000年前のものとされる**レボンボ獣骨《じゅうこつ》**や、2万5000年前のものとされる**イシャンゴ獣骨**にそれが見られます。

そののち、各地にいわゆる古代文明が成立します。チグリス川とユーフラテス川の流域に生まれたのが、**メソポタミア文明**です。5000年以上前に文明を築いた**シュメール人**は、**楔《くさび》形《がた》文《も》字《じ》**を用い、**計算**や**計測**を行うことができました。

そののち、**バビロニア**がメソポタミア一帯に支配を広げます。バビロニアの数学は、驚嘆するほど高度なものでした。

驚異のバビロニア数学

バビロニアでは、シュメール人から受け継いだ**60進法**が用いられていました。これは、

▲ 紀元前1800年頃に書かれたとされる、「プリンプトン322」と呼ばれるバビロニアの粘土板。60進法の数字（楔形文字）が刻まれている。

60種類の文字を使う数え方です（24ページも参照）。

「そんなに多くの文字を使わなければいけないなんて、不便じゃないか」と思われるかもしれませんが、現代の私たちの生活でも、60進法が大活躍しています。それは、**時間の数え方**です。60秒で1分、60分で1時間というのは、バビロニア起源の数え方なのです。

またバビロニアの人々は、農業や商業、土木工事などで考える必要のある問題を、**方程式**にして解いていました。その証拠が、楔形文字の刻まれた**粘土板**《ねんどばん》として残っています。

驚くべきことに、バビロニアでは、**2次方程式の解の公式**まで知られていました。この公式を使えば、どんな2次方程式でも解を求めることができます（88ページ参照）。

02

The beginning of mathematics

古代エジプトの数学

ナイル川と向き合うことから数学が発展

実用的な数学の発展

メソポタミア文明が栄えたのとほぼ同じ頃、アフリカの**ナイル川**流域では、**古代エジプト文明**が発展しました。

古代エジプト文明は、定期的に氾濫《はんらん》するナイル川の恵みのもとに成立した文明でした。エジプトの人々は、ナイル川の氾濫を把握するため、**1年を365日とする暦**を作りました。また、**土地の測量**を行い、これが**幾何学**の起源になったのではないかともいわれています。

エジプトといえば**ピラミッド**を思い浮かべる人も多いでしょうが、そのような巨大建造物を建てるのにも、数学の力が必要です。必要な物資や労働者を算出し、分配を計算することからも、実用的な数学が発展しました。

奇妙な分数

古代エジプトでは**分数**も使われていました。ただし、それは奇妙な分数でした。基本的に**単位分数**《たんいぶんすう》（分子が1の分数）だけを用いたのです。たとえば「2÷65」のような割り算は、

▲ 数学的内容が記された「リンド・パピルス」。紀元前 1650 年頃に筆写されたとされ、その原本は紀元前 1800 年頃に書かれたと考えられている。

$$\frac{2}{65} = \frac{1}{39} + \frac{1}{195}$$

という形で表されます。なぜわざわざ単位分数にしたのか、理由はわかっていません。

　古代メソポタミアでは文字の記録には粘土板が用いられましたが、古代エジプトでは、**パピルス**が用いられました。パピルスとは、ナイル川流域に自生する同名の植物を加工し、巻物状にしたものです。

　数学的内容が記されたパピルスとして、特に有名なのが**リンド・パピルス**です。スコットランドの商人**アレクサンダー・ヘンリー・リンド**（1833〜1863年）が、19世紀半ばにエジプトのルクソールで入手したもので、右に述べたような分数の計算が多く書かれています。

03

The beginning of mathematics

現在でも使われる数学用語が生まれた 古代中国の数学

蓄積された数学の知識

中国では、今から3300年ほど前に甲骨《こうこつ》文字《もじ》が作られ、これが**漢字**になっていきました。甲骨文字の中には、**九九**《くく》を書いたものもあるとされます。

現在確認されている中で最古の中国の数学書は、紀元前186年の『**算数書**《さんすうしょ》』ですが、そのおよそ200年後、文明の初期から蓄積されてきた数学の知識は、『**九章算術**《きゅうしょうさんじゅつ》』という数学書にまとめられます。263年、数学者の**劉徽**《りゅうき》（生没年不詳）が注釈書を出したことで、『九章算術』は広く知られるようになりました。この書物は数学的に非常に洗練されており、長い期間にわたって東アジアの数学に大きな影響を与えつづけたとされます。

▼『九章算術』の、劉徽による注釈書。

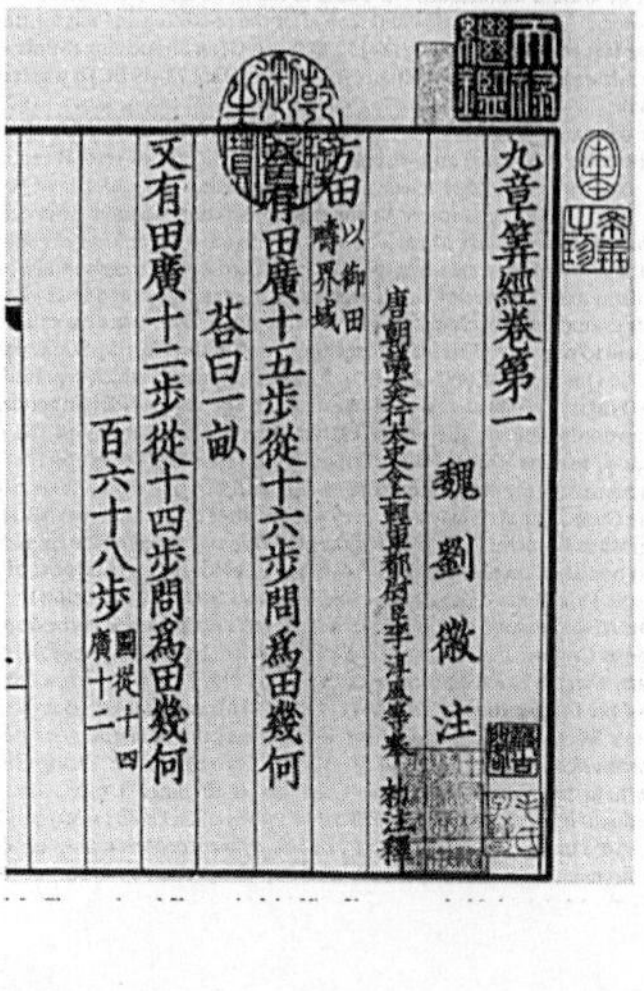

	1	2	3	4	5	6	7	8	9
縦	𝍠	𝍡	𝍢	𝍣	𝍤	𝍥	𝍦	𝍧	𝍨
横	𝍩	𝍪	𝍫	𝍬	𝍭	𝍮	𝍯	𝍰	𝍱

【算木で数字を表す例】

	千の位	百の位	十の位	一の位
123		𝍠	𝍪	𝍢
2021	𝍪		𝍪	𝍠

▲ 中国で古代から使われていた「算木」。一の位は縦式に、十の位は横式に、百の位は縦式に、千の位は横式に……というふうに、交互に棒を置いて数を表した。0のときは棒を置かず、空白にした。

算木を使った計算

『九章算術』は、9つの章からなる問題集です。たとえば第1章の「方田《ほうでん》」では、田畑の面積を計算します。第9章の「句股《こうこ》」では、**三平方《さんへいほう》の定理《ていり》**（67ページ参照）に関する問題が扱われます。

第8章「方程《ほうてい》」には、世界で最も早く**負の数**が登場しています。これは、古代中国で使われていた**算木《さんぎ》**という計算道具のおかげだと考えられます。算木には赤い棒と黒い棒があり、それぞれ正の数と負の数を表すのです。

ちなみに、私たちが現在でも使っている「正の数」「負の数」「方程式」などの用語は、この『九章算術』にもとづいています。

04

The beginning of mathematics

合理的精神が数学を高度に花開かせる

タレスとギリシア数学の始まり

ミレトスのタレス

古代エジプトやメソポタミアの数学は、**ギリシア**に伝えられ、さらに高度に発展します。

エーゲ海の東側、イオニア地方のミレトス出身の**タレス**（前６２４頃〜前５４６年頃）は、「最初の哲学者」と称されることもある人物ですが、幅広い知識をもち、商人や政治家としても活躍しました。

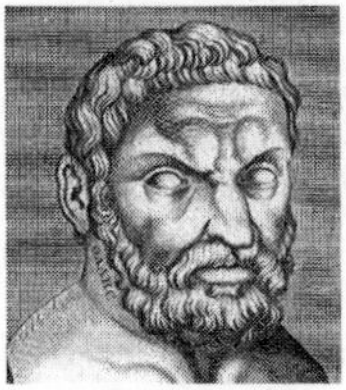

▲タレス。

彼は長い間エジプトに滞在し、現地の神官から**幾何学**を学んでギリシアに伝えたとされます。

合理的精神の芽生え

伝説によると、タレスは次のような事柄を「証明」したといいます。

❶円周は直径によって二等分される。
❷二等辺三角形のふたつの底角は等しい。
❸２本の直線が交わるとき、その対頂角は等しい。

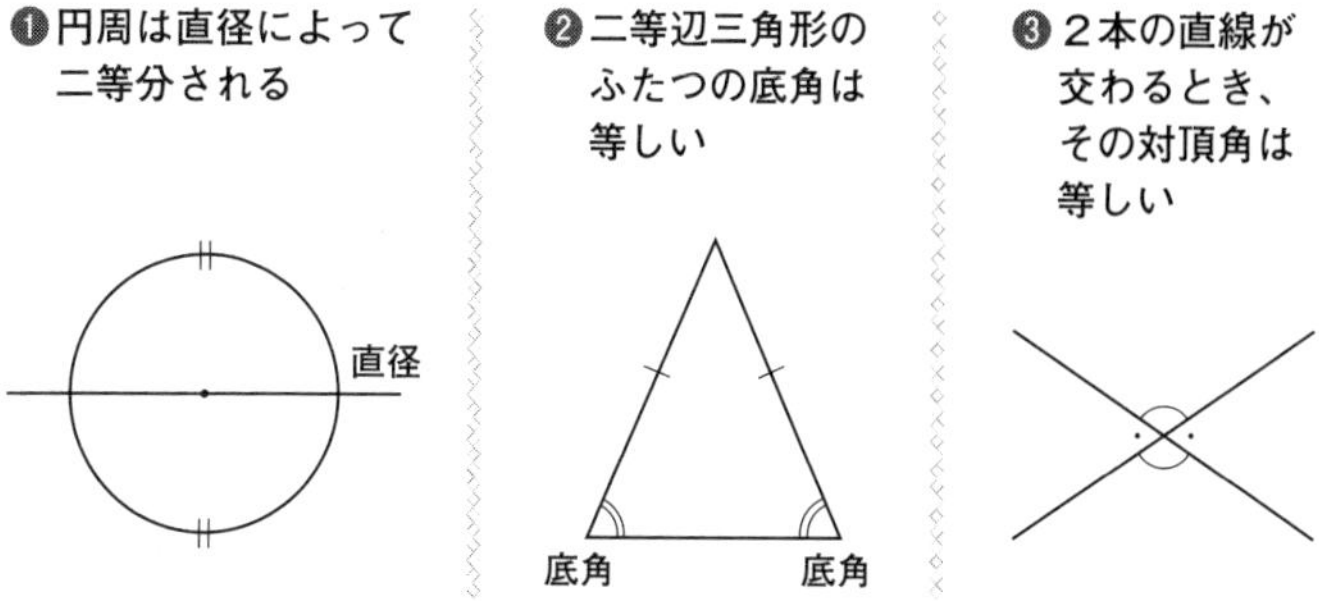
❶円周は直径によって二等分される
直径
❷二等辺三角形のふたつの底角は等しい
底角
底角
❸２本の直線が交わるとき、その対頂角は等しい

▲ タレスが「証明」したとされる幾何学的事実。❶は、直径（真ん中の線）のところで折り返せば、半分になった円周どうしがぴったりと重なり、正しいことがわかる。❷は、長さの等しいふたつの辺が重なるように真ん中で縦に折れば、底角（下側の角）どうしがぴったりと重なり、正しいことがわかる。❸では2組の対頂角（向かい合う角）ができるが、これを描いた紙を折って重ねれば、どちらもぴったりと重なり、正しいことがわかる。ただし、のちにもっと厳密な「証明」が行われるようになる。

上図で見ればわかるとおり、これらは図から明らかで、わざわざ「証明」などする必要がないようにも思われます。また、タレスが行ったとされる「証明」も、「折れば重なる」といった程度のものだったとされます。

しかし、ここで大事なのは、「どんなことでもしっかりと確かめ、理屈で納得できる議論をしていこう」とする態度です。そのような**合理的精神**をもっていたからこそ、タレスは「最初の哲学者」と呼ばれるのです。

そして、その合理的精神が、ギリシアの文明を特徴づけることになります。ギリシアでは、「**理性**（**ロゴス**）にもとづいて論じていこう」という姿勢が、さまざまな学問を花開かせました。さらにそれは、今日につながる数学の基本的な考え方にもなっています。

05

The beginning of mathematics

自然数の比に宇宙の調和を見いだした

神秘の数学者ピタゴラス

三平方の定理

私たちは中学3年生で、**三平方の定理**を習います。これは、「直角三角形において、90度になっている角と向かい合う斜辺《しゃへん》の長さの2乗（平方）は、ほかのふたつの辺の長さをそれぞれ2乗（平方）したものの和に等しい」というものです（左図参照）。

この定理は、**ピタゴラスの定理**という別名をもっています。古代ギリシアの数学者**ピタゴラス**（前582～前496年）がこれを発見したとされているからです。

ピタゴラス教団の教祖

ピタゴラスは、エーゲ海のサモス島という島の出身で、エジプトやバビロニアを旅したのち、南イタリアのクロトンで、**ピタゴラス学派**と呼ばれることになる集団を率いていたとされます。

▲ピタゴラス。

ピタゴラスは、単なる数学者というよりは、「数」を重視する哲学者でした。そしてそ

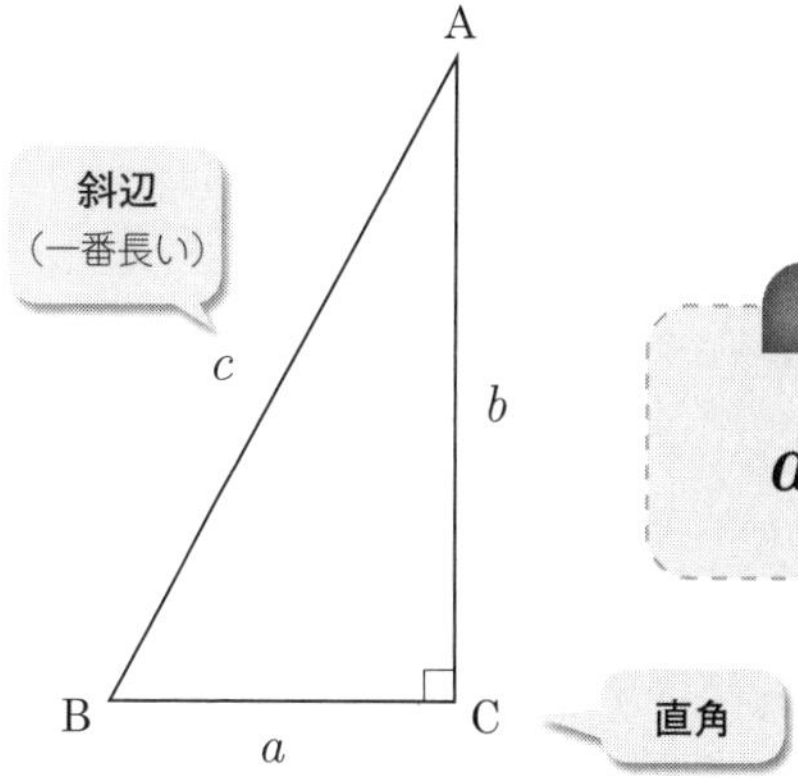

三平方の定理

$$a^2 + b^2 = c^2$$

▲「三平方の定理」、別名「ピタゴラスの定理」。直角三角形においては、斜辺の長さの２乗は、ほかのふたつの辺の長さをそれぞれ２乗したものの和に等しい。この事実はエジプトやバビロニアなどで以前から知られていたが、「ピタゴラス学派」が初めて一般的な「証明」を与えたとされる。この「証明」が得られたとき、ピタゴラスの教団は、100頭の牡牛を生け贄に捧げて祝ったという。

の思想は、まるで宗教のように、弟子にだけ伝えられました。ピタゴラス学派は、いわば秘密主義の宗教団体であり、ピタゴラスはその教祖だったのです。

　ピタゴラスの生涯は謎に包まれていますが、伝説によると、ギリシア数学の基礎をなす多くの業績を、彼ひとりで遺《のこ》しています。

　しかし、それらは実際のところ、ピタゴラス学派の人々が長い年月をかけて積み上げた研究成果だったようです。ピタゴラス学派のメンバーたちは、「教祖様の教えです」と、すべてピタゴラスの発見だということにしてしまったのです。

　ピタゴラス学派は「**万物は数である**」との信念のもと、**宇宙を構成する数学的な秩序**を探究しました。

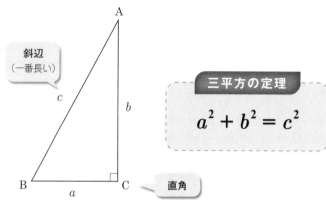

自然数と比

ピタゴラス学派は、**自然数**を重視し、数自体を信仰の対象としました。そのような営みを**数秘術**《すうひじゅつ》といいます。ピタゴラス数秘術では、1から10までの自然数に、次のような象徴的な意味合いが与えられました。

1＝理性	6＝恋愛
2＝女性	7＝幸福
3＝男性	8＝本質
4＝正義	9＝理想
5＝結婚	10＝完全

また、**自然数の比**も重視されていました。

ピタゴラスは、鍛冶屋《かじや》が鉄を叩く音から、**美しい音階が自然数の比でできている**ことを発見したとされます。ピタゴラス教団にとって、自然数とは、美しい比率によるハーモニーを生み出すものだったのです。

ですから、彼らが探究した宇宙の数学的秩序とは、自然数を基本単位とするものであるはずでした。そしてすべての数は、自然数の比である**分数**（39ページ参照）、すなわち**有理数**（46ページ参照）で表されなければならないと考えられていました。

比で表せない数の発見

しかし皮肉なことに、ほかならぬピタゴラ

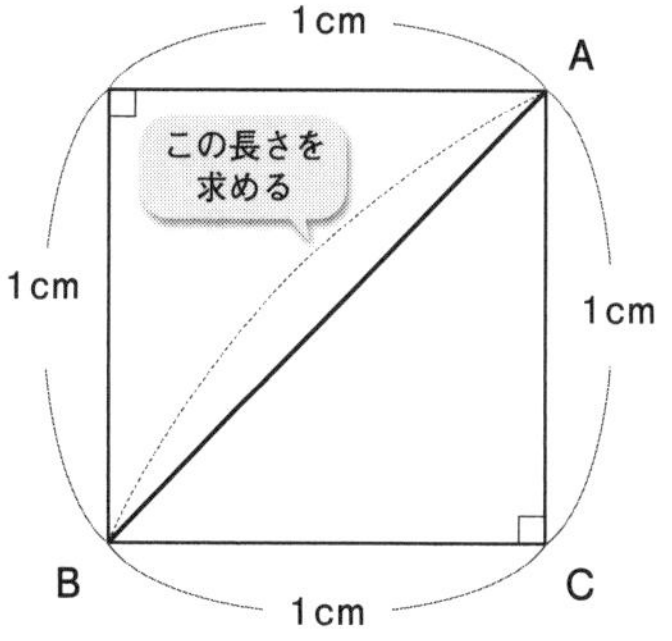

△ABCにおいて三平方の定理

$$BC^2 + CA^2 = AB^2$$
$$AB^2 = 1 + 1$$
$$= 2$$

$AB > 0$ なので，

$$AB = \sqrt{2}$$

無理数

▲正方形に「三平方の定理」を用いるという単純な作業から、ピタゴラス学派にとっては認めがたい「無理数」が生じてしまった。ピタゴラス学派の教義にとっては痛手だったが、この発見により、ギリシア数学はいっそう進歩していくことになる。

スの定理が、ピタゴラス学派の教えに深刻な脅威をもたらしました。

きわめて単純な図形として、1辺の長さが1センチの正方形を考え、これを対角線《たいかくせん》によってふたつに切って、上図のように、直角二等辺三角形ABCを作りましょう。

この三角形で三平方の定理を使うと、

$$AB^2 = 1^2 + 1^2 = 2$$

となります。ここから斜辺ABの長さを求めるには、2の正の平方根を取ればよいわけですから、斜辺ABは$\sqrt{2}$センチとなります。

$\sqrt{2}$は**無理数**です。つまり、**自然数**（**整数**）**の比の形では表せない数**、存在してはならないはずの数でした。このことを発見してしまったピタゴラス学派のメンバーは、命を奪われたといわれています。

06

The beginning of mathematics

アキレスは亀に追いつけないのか？

ゼノンと無限のパラドックス

エレアのゼノン

ピタゴラス学派が発見してしまった**無理数**は、自然数（整数）の比として計算が止まることがなく、小数点以下、数字が無限に続いていく数です。この**無限**というものは、高度な思考を身につけた古代ギリシア人たちにとっても、非常にやっかいでした。

ピタゴラスのあとに活躍した、**エレアのゼノン**（前490頃～前430年頃）という哲学者がいます。彼は、さまざまな**パラドックス**を提示して、人々を悩ませました。パラドックスとは、論理的に正しそうな考えを積み重ねていった末に、常識に反する結論に達してしまうような話です。

中でも有名なのが、**アキレスと亀のパラドックス**です。これが無限にかかわります。

アキレスと亀のパラドックス

アキレスとは、ギリシア神話に登場する、俊足の英雄です。彼の少し先を、亀がのろのろと進んでいるとします。アキレスはその亀に追いつこうとします。しかし、彼が亀の位

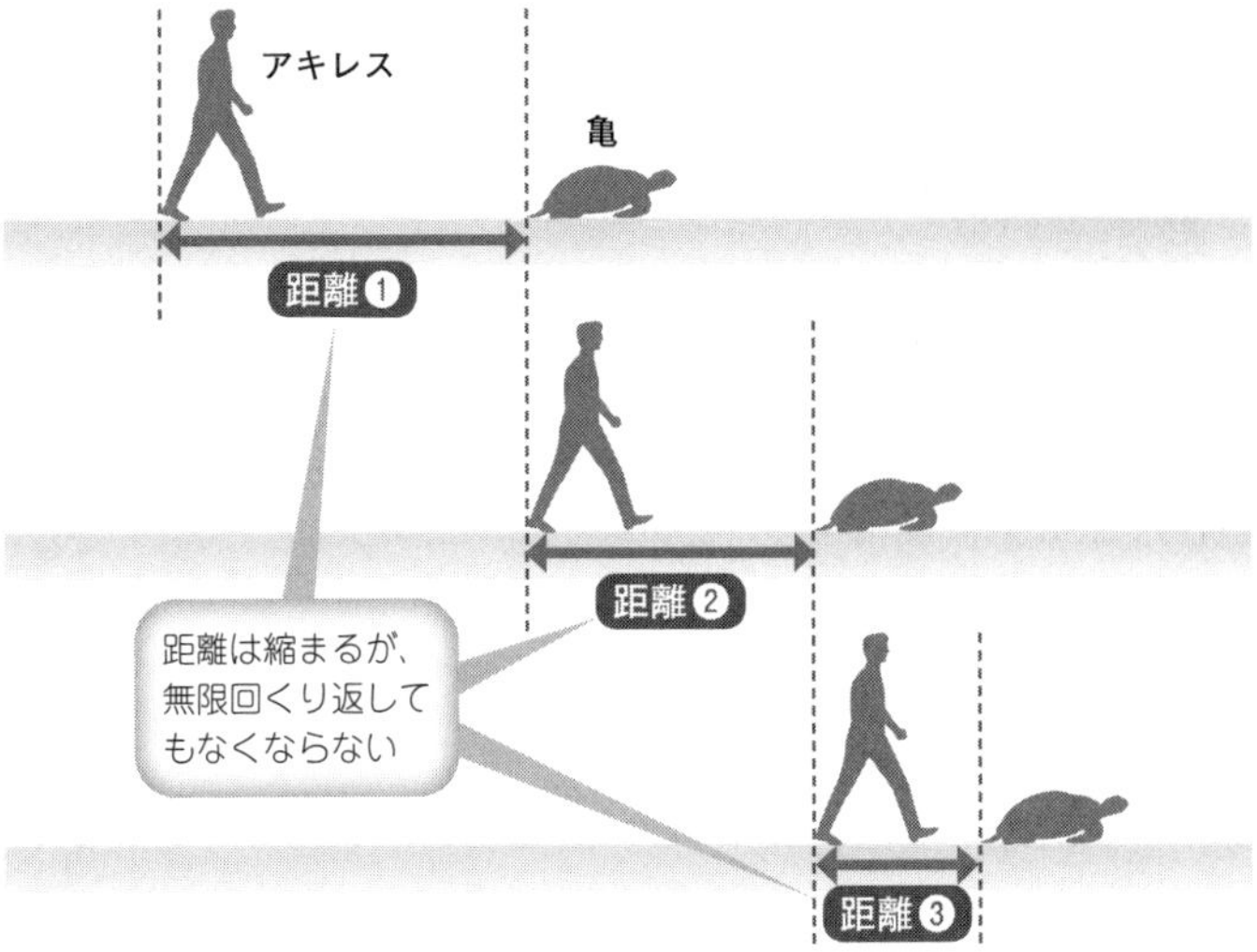

▲ エレアのゼノンによる、「アキレスと亀」のパラドックス。このパラドックスについては、ここで紹介したもの以外にも、数学的・哲学的にさまざまな解釈が存在する。

置まで移動している間に、亀はほんの少し先に進んでいます。これが無限回くり返されるとすると、アキレスはいつまでも亀に追いつけません。

もちろん実際は、アキレスはすぐに亀に追いつくはずですが、ゼノンの論理は、常識はずれの結論を導き出してしまいます。

パラドックスが生じたのは、無限という概念を、不必要なところに用いているからだと考えられます。古代ギリシア人たちは、このような混乱をもたらす無限というものを、数学から排除しようとしました。

実際、無限の取り扱いは非常に難しいものです。それは、近世に発明される**微分積分**（第4章参照）や、近代に作られる**集合論**（第5章参照）にも深くかかわってきます。

07

The beginning of mathematics

プラトンとアリストテレス

数学と哲学は分かちがたく結びついていた！

▼プラトンのイデア論

古代ギリシアの哲学者**プラトン**（前427～前347年）は、**アカデメイア**という学園を作って若者たちの教育を行っていましたが、その学園の門には「**幾何学を知らぬ者、くぐるべからず**」との警告が掲《かか》げられていたといいます。幾何学は、**思考によって真理に迫ること**の代名詞のようにとらえられていたのです。

▲プラトン。

プラトンは、私たちが生活している**現象界**《げんしょうかい》の具体物を超えた、理想の本質を考え、それを**イデア**と呼びました。

たとえば、「三角形」を思い浮かべて描くとき、描かれた図形は、線が少し曲がっていたり、太さが違ったりして、どれも不完全な三角形です。しかしプラトンによると、私たちが思い浮かべる理想の三角形は、現象界を超えた**英知界**《えいちかい》に、イデアとして実在します。

プラトンの考えでは、幾何学とは本質的に、イデアを扱う学問なのです。プラトンは、「大きさのない点」や「太さのない線」というふうに、**数学的対象を理想化**しました。

前提❶「すべての人間は死ぬものである」 — 真の命題

＋

＊哲学者で、プラトンの師

前提❷「ソクラテス＊は人間である」 — 真の命題

↓ 推論

結論「ソクラテスは死ぬものである」 — 真の命題

▲アリストテレス的な「三段論法」。アリストテレスは、このように「命題」を組み合わせる「推論」のさまざまなパターンを列挙し、妥当性（正しさ）を調べていった。彼が確立した論理学は、厳密に論を進めることが必要な数学にとって、不可欠の考え方になっていった。

アリストテレスの論理学

アカデメイアで学んだプラトンの弟子の**アリストテレス**（前384～前322年）は、より現実的な哲学者となりました。

数学にかかわる彼の業績としては、**論理学**の確立が挙げられます。

真《しん》（正しい）か**偽**《ぎ》（間違っている）かがはっきりわかる文を、**命題**《めいだい》といいます。アリストテレスの論理学は、**前提**となる複数の命題から、**結論**となる命題を導くものであり、いわゆる**三段論法**として知られています。

▲アリストテレス。

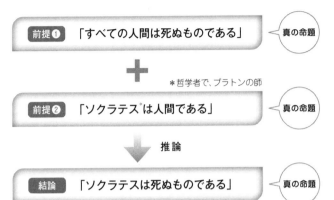

08

The beginning of mathematics

『原論』は聖書に次ぐベストセラーに!!

人類の思考を変えたユークリッド

幾何学の集大成

古代ギリシアにおいて、**幾何学**は特に重視された学問でしたが、その知識をいったん集大成したのが、**ユークリッド**（前3世紀）です。ギリシア名は**エウクレイデス**ですが、英語名のユークリッドのほうが広く知られており、「ユークリッド幾何学」（18ページ参照）などの言葉も作られているので、本書では

▲ユークリッド。

▼エジプトで発見された、ユークリッドの『原論』の写本（パピルス）の断片。紀元100年頃のものだとされる。

「ユークリッド」と表記します。

ユークリッドの名を不滅のものとしたのは、彼の書いた書物『**原論**《げんろん》』です。全13巻に及ぶこの数学書では、幾何学を中心に、さまざまな内容が論じられています。そのすべてがユークリッドによって発見されたわけではなく、紀元前600年頃から約300年間にわたって蓄積されたギリシア数学の成果が、ユークリッドによって編集されているのです。

定義・公準・公理

『原論』は、驚くほど整然としたやり方で記述されています。**まず議論の前提となることを確認し、それを使ってさまざまな事柄を証明していく**という方式です。

これは、**人間が理性的に（理屈に従って）思考したり議論したりする方法のモデル**となるスタイルだといえます。

ユークリッドの『原論』は、「理性的に考えるというのはこういうことですよ」と、暗黙のうちに示しているのです。このスタイルは、その後の人類の思考に大きな影響を与えたといえます。

『原論』でまず示されるのは、23個の**定義**《ていぎ》です。これは、「これから使う言葉が何を意味するかの確認」だと思えばよいでしょう。

たとえば、**点**は「部分をもたないもの」（大きさのないもの）、**線**は「幅のない長さ」だとされます。ここには、**プラトン的な理想化**（72ページ参照）が見られます。

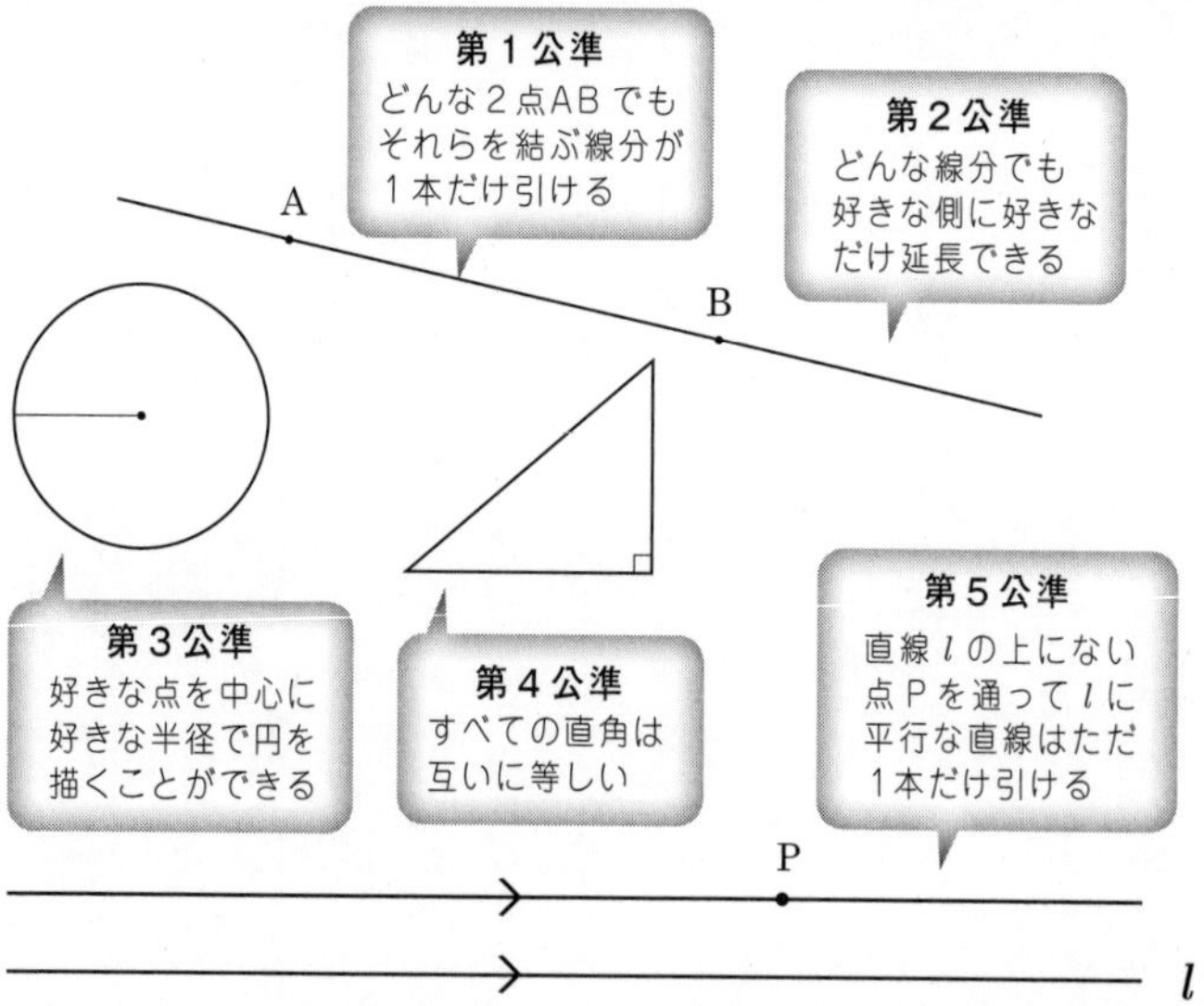
第１公準
どんな２点ABでも
それらを結ぶ線分が
１本だけ引ける
第２公準
どんな線分でも
好きな側に好きな
だけ延長できる
A
B
第３公準
好きな点を中心に
好きな半径で円を
描くことができる
第４公準
すべての直角は
互いに等しい
第５公準
直線 l の上にない
点Ｐを通って l に
平行な直線はただ
１本だけ引ける
P
l

▲ ユークリッドが『原論』で示した５つの「公準」。ただし、ここではわかりやすい表現に直して紹介している。

定義の次には、上図のような5つの**公準**《こうじゅん》が出てきます。「公準」とはわかりにくい言葉ですが、「要請《ようせい》」といいかえることができます。「幾何学的な議論をしていくうえで、この5つのことは、間違いのない前提として認めてもらいたい」と要請しているのです。

その次に現れるのが、左図のような**公理**《こうり》です。考え方によっては公準と大きな違いはないともいえますが、より一般的な事柄についての前提を示しています。

命題と証明

こうして議論の前提が確認されたのちに、さまざまな**命題**（73ページ参照）が示され、

公理１	同じものに等しいものどうしは等しい。
公理２	等しいものに等しいものが加えられると、全体は等しい。
公理３	等しいものから等しいものが引かれると、残りは等しい。
公理４	等しくないものに等しいものが加えられると、全体は等しくない。
公理５	等しいものの２倍は、互いに等しい。
公理６	等しいものの半分は、互いに等しい。
公理７	互いに重なり合うものは、互いに等しい。
公理８	全体は部分よりも大きい。
公理９	２本の線分で面積を囲むことはできない。

▲ユークリッドが『原論』で示した「公理」。これもわかりやすい表現に直して紹介している。

それらが**証明**されていきます。このような「確実な前提を用いて証明する」という論の進め方は、以後の数学書の原型となりました。

特に近世以降の数学において、「証明されるかどうか」は決定的に重要です。どんなに興味深いことを思いついたとしても、証明されなければ「正しい」とは認められないのです。私たちも中学や高校の数学でさまざまな証明を学びますが、証明の考え方自体が、『原論』で整備されたものだといえます。

ユークリッドの『原論』は、聖書に次ぐベストセラーとなり、19世紀まで現役の教科書として使われつづけました。そして5つの公準にもとづく**ユークリッド幾何学**も、19世紀まで、「この世にありうる唯一の幾何学」だと信じられることになります。

09

The beginning of mathematics

積分法につながる求積法の研究

アルキメデスと取り尽くし法

古代最大の科学者

シチリア島のシラクサ出身の**アルキメデス**（前２８７頃～前２１２年）は、古代ギリシア世界最大の数学者・科学者だといわれます。

彼の業績は数多く、面白いエピソードも豊富です。浮力に関する**アルキメデスの原理**を風呂場で発見し、「エウレカ（発見した）！」と叫んで裸のまま町を駆け回ったという話や、**てこの原理**に精通していて、「私に支点を与えよ、そうすれば地球をも動かしてみせよう」と大言壮語《たいげんそうご》したという話などが有名です。

▼「水に沈んだ物体は、自らが押しのけた水の重さの分だけ、上向きの浮力を受ける」という「アルキメデスの原理」は、風呂場で発見されたという。

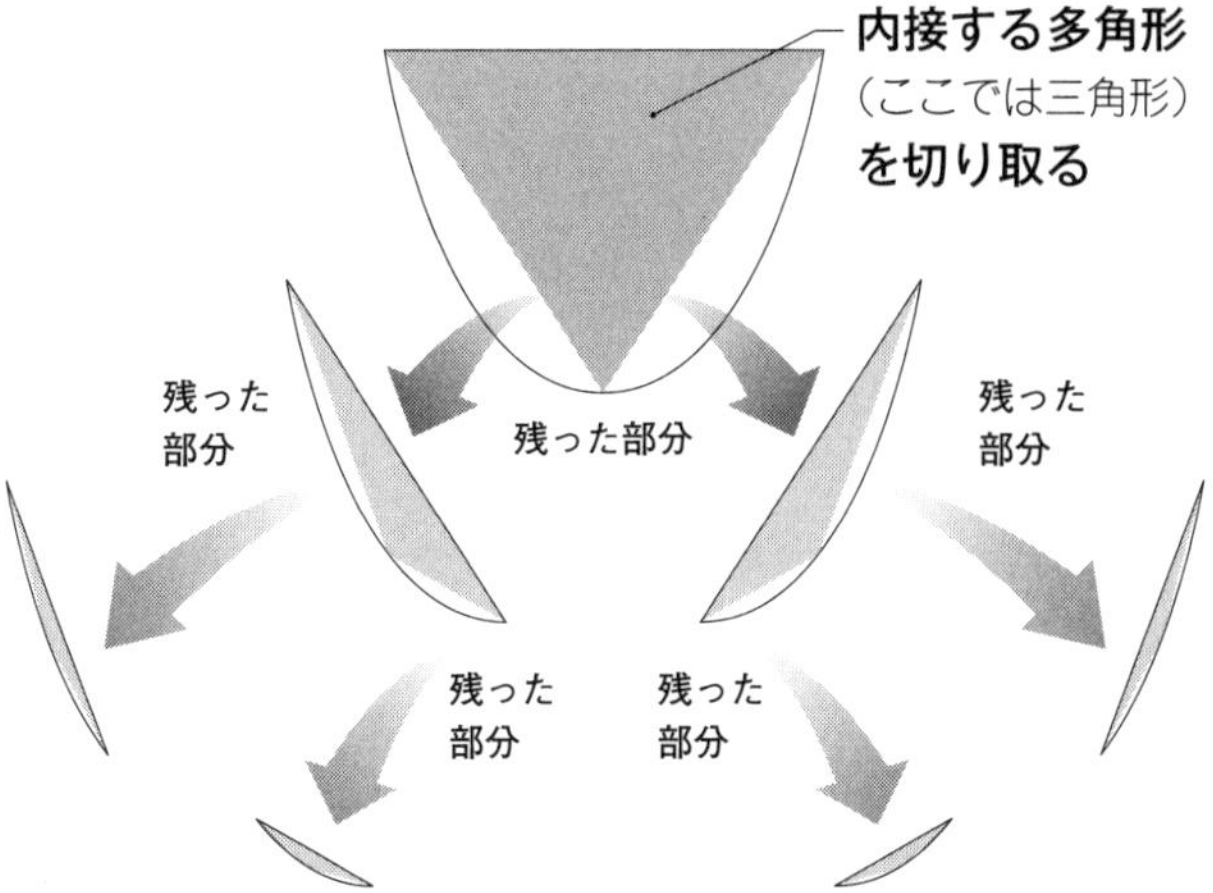

▲ アルキメデスが利用した「取り尽くし法」の発想の、基本的な部分。曲線に囲まれた図形から、「その図形に内側から接する多角形」を切り取る操作をくり返す。実際は、「背理法」という方法も併用されたが、ここではその詳細は省く。

取り尽くし法

そんなアルキメデスの、数学的な業績の中で特筆するべきは、さまざまな**求積法**《きゅうせきほう》（図形の面積や体積を求める方法）の考案です。

私たちはたとえば、長方形の面積は「縦×横」で、三角形の面積は「底辺×高さ÷2」で求めることができます。しかし、「**曲線に囲まれた図形の面積**を求めよ」といわれたら、困ってしまうのではないでしょうか。

アルキメデスは、円の面積や球の体積などを求めるために、前の世代の数学者**エウドクソス**（前3世紀）によって確立された**取り尽くし法**という手法を、発展的に用いています。

取り尽くし法とは、曲線に囲まれた図形か

ら、その図形に内接する（内側から接する）多角形を切り取り、残った小さい部分から、さらに小さい三角形を切り取ることをくり返す方法です。切り取った小さい面積を足し合わせると、もとの図形の面積に近づくはずだというわけです。

積分のイメージをつかむ

　このように、小さい図形の面積を足し合わせることで曲線に囲まれた図形の面積を求める方法は、近代的な**積分法**《せきぶんほう》につながる考え方だとされます。積分は、今日《こんにち》の数学だけでなく、あらゆる科学に必須の手法となっています。ここでイメージをつかんでおきましょう。

　ひょうたん形の池があり、その面積を知りたいときのことを考えます。長方形のプールなら「縦×横」で面積がわかりますが、この池には直線の「縦」と「横」がありません。

　とりあえず、ある方向を「横」と決めて端から端までの長さを測ったら、25メートルだったとします。では、「縦」の長さはどうでしょうか。

「左端から1メートルの地点では、縦は3メートル」などと測定することはできるでしょうが、「横」方向に少しずれると、「縦」の長さが変わります。「縦」の長さは、絶えず変化しているのです。こういうものの面積は、「×」だけでは出せません。

　そこで、**細長い短冊を、端から端までぴっしり池に敷き詰める**ことを考えます。各短冊

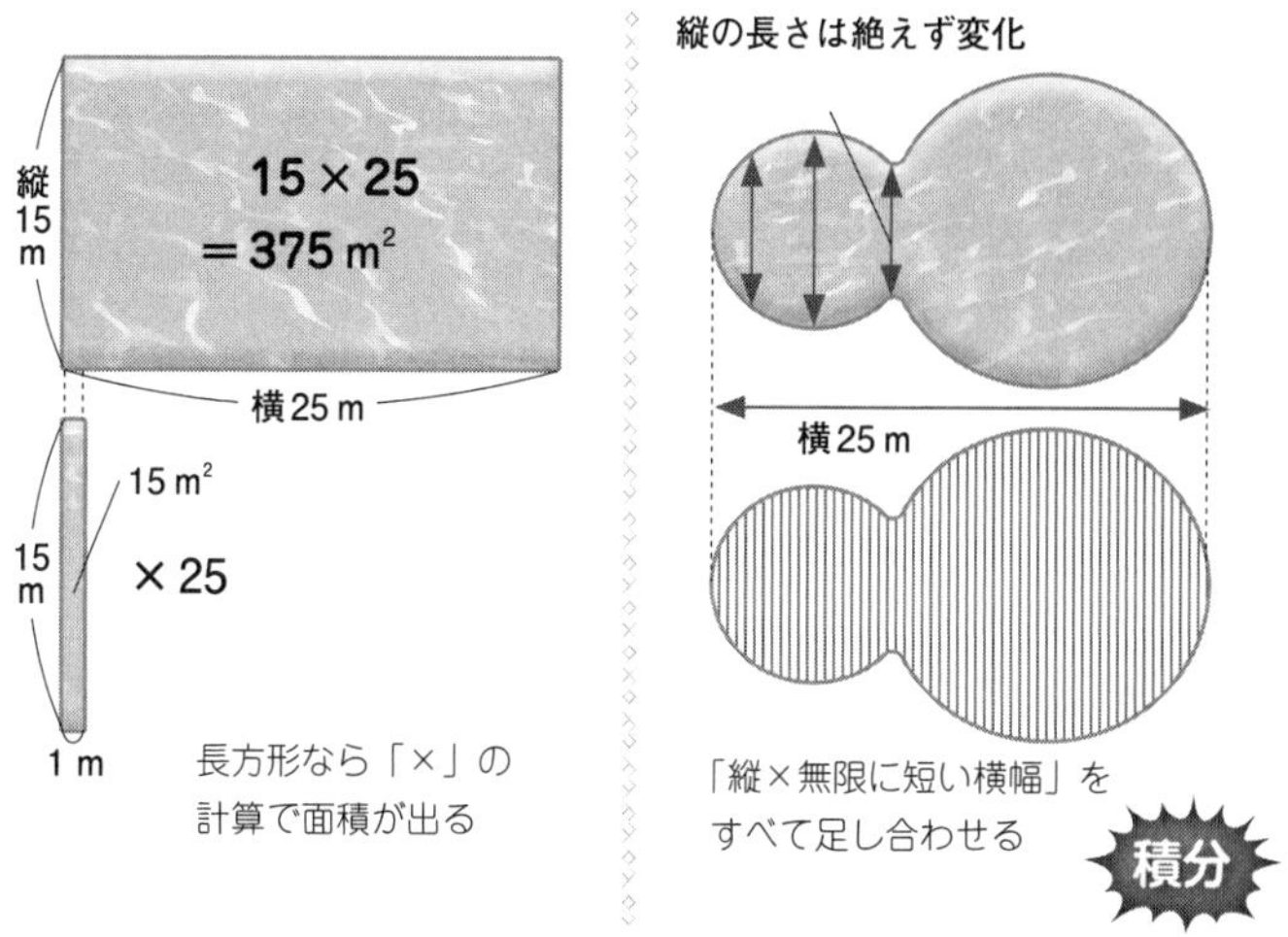

▲たとえば、縦15mで横25mのプール（左）の面積は、「縦15mで横1mの短冊を、横に25本敷き詰める」という考え方で、「縦×横」の計算によって求められる。一方、縦の長さが絶えず変化するひょうたん形の池（右）の面積を求めるには、「無限に短い横幅で、縦の長さが異なる短冊」を敷き詰め、それらをすべて足し合わせる、という操作を行う必要がある。その操作が「積分」である。

の縦方向は、それぞれの場所で池の端に合わせて切ります。**この短冊全部の面積を足し合わせれば、池の面積に迫れるはず**です。これが積分の基本的な考え方です。

ポイントはこの短冊の横幅です。積分で使う短冊は、すべて横幅をそろえます。それは、糸よりも細い、**無限に短い横幅**です。

短冊それぞれの面積は、「縦×（無限に短い）横」のはずです。それを横方向にすべて足し合わせるような操作ができればよいのです。

「無限に短い幅のものを、すべて足し合わせる」など、日常的な常識を超えていますが、人類はやがて、その方法を見つけることになります（第4章）。積分は、「×」をグレードアップしたとても便利な方法です。

10

The beginning of mathematics

世界の数学を新たなステージに押し上げた!!

インド数学　ゼロの発見

▼古代インドの文明と数学

インドでは、紀元前2300年頃から**インダス文明**が栄えましたが、その文明の数学についてくわしいことはわかっていません。

前1500年頃から、インド・ヨーロッパ語族の**アーリア人**がインドに進入し、新たに文明を築きました。その中で、宗教儀式に関係する数学が発展し、抽象的な数学も生まれました。

そして、世界数学史に残る画期的な出来事が起こります。**0《ゼロ》の発見**です。

▼インドの数学者ブラフマグプタは、「数としての0」とほかの数との演算について、ほぼ現代と同じ定義をしているが、唯一違うのは、「0を0で割ると0」としている点である。現代の数学では、「0で割る」ことは絶対にNGだ。その理由を簡単に示す。

数を**0**で割ってよいものと仮定する。　…①

すると,「**1**を**0**で割る」という計算の答えを a として,

$$\frac{1}{0} = a \quad \cdots ②$$

という等式が成り立つことになる。

分母の数を両辺にかけて分数ではない形にする

②の両辺に**0**をかけると,

$$1 = a \times 0$$

どんな数も0をかけると0になる

$$1 = 0$$

この等式は成り立たない。

ゆえに,①の仮定は誤り。数を**0**で割ってはならない。

▲「数としての0」を使ったブラフマグプタのイメージ。彼は数学者であると同時に天文学者でもあった。

「数」としての0

古代バビロニアや中米の**マヤ文明**には、「ある位に数字がないこと」を示す記号としての0に相当するものはありました（たとえば「101」の十の位の「0」のようなもの）。インドでも、6世紀半ばにはそのような記号を使っていたようです。

しかし、7世紀に活躍した数学者**ブラフマグプタ**（598年〜没年不詳）は著作の中で、0とほかの数との演算を行っています。つまり、0を「数がない」という記号としてではなく、**数として扱っている**のです。このことから、6世紀後半にはインドで「数としての0」が発見されていたことがわかります。

The beginning of mathematics

11

ギリシアとインドの「知」を受け継ぎ発展させた

アラビアの数学

世界最先端の数学

「数としての0」を扱った**ブラフマグプタ**の著作などのインドの数学は、**アラビア**に伝わりました。現在、私たちは算用数字と呼ばれる数字を使って計算していますが、これはインドからアラビアにもたらされたものだといわれています。

アラビアには、**プラトン**や**アリストテレス**の著作、**ユークリッド**の『**原論**』などギリシアの古典も流入し、学術が非常に盛んになります。中世のアラビアは、科学や数学の面で、世界の最先端だったのです。

▼アル＝フワーリズミーの像。（写真：M.Tomczak）

そんなアラビアの数学の中でも、特に重要なのが、9世紀に活躍した**アル＝フワーリズミー**（780頃〜850年頃）です。

彼の主著は『**アル・ジャブル・ヴァ・ル・ムカーバラ**』という題名です。題名の中の

「ジャブル」も「ムカーバラ」も、**方程式**を変形する操作を意味します。つまりこの著作では、方程式を扱う**代数学**が論じられているのです。世界で最初の代数学の書物のひとつだといわれています。

アル＝フワーリズミーはこの書物の中で、現在の2次方程式に当たる方程式を分類し、研究しています。

▲『アル・ジャブル・ヴァ・ル・ムカーバラ』。

代数学と算術

アラビアの進んだ科学や数学は、**のちにヨーロッパに伝わります**。

その際に、アル＝フワーリズミーの『アル・ジャブル・ヴァ・ル・ムカーバラ』の「アル・ジャブル」の部分から、代数学を意味する「アルジェブラ」という言葉が作られました。

また、アル＝フワーリズミーには『インド式記数法による算術』という著書もあります。この書物は「アルゴリズミーは語った」との一文から始まっています。このことから、「計算の手順」のことを**アルゴリズム**と呼ぶようになったのです。

COLUMN 03

フィボナッチ数列

中世のヨーロッパは、アラビアに比べて学術的には遅れていました。

そんな中、インドやアラビアの数学をヨーロッパに輸入した人がいます。イタリアの**ピサのレオナルド**、通称**フィボナッチ**（1170〜1250年）です。

彼はエジプトからシリア、ギリシアなどを旅行し、アラビアの数学にふれて、そのレベルの高さに驚嘆しました。そして1202年、インド・アラビア数学をヨーロッパに紹介するため、**『算盤《そろばん》の書』**を著したのです。この書物には、「ピサに住むボナッチの息子、レオナルド」と著者名が記されたのですが、その一部が「フィボナッチ」として有名になりました。

『算盤の書』は内容が豊富ですが、その中で、今日《こんにち》**フィボナッチ数列**と呼ばれている面白い**数列**（数字の並び）が紹介されています。

ウサギのつがいが子どもを産んで増えていくのをもとにして考えられた、

1, 1, 2, 3, 5, 8, 13, 21, 34, 55, 89……

という数列なのですが、隣り合うふたつの数の和が、次の数になっています。

また、隣り合うふたつの数の比を計算すると、「1.6180339……」という値に近づきます。これは**黄金比《おうごんひ》**と呼ばれる数で、人間の感性に訴えかける美的な力をもつといわれています。

第4章

近世ヨーロッパの数学

01

Mathematics in early modern Europe

かつての数学は決闘だった!!

方程式の解をめぐる戦い

解の公式の威力

私たちは中学3年生で、**2次方程式の解の公式**を習います（下図参照）。

「何だか複雑で、難しい式だな」と思った方も少なくないでしょうが、じつはこれは、とんでもなく便利な公式なのです。足し算・引き算・かけ算・割り算の**四則演算**と、**平方根**を取る操作だけで、どんな2次方程式であっても解がわかるのですから。特別なテクニックをもたない人でも、ここに機械的に数値を入れるだけで、あらゆる2次方程式が確実に

▼2次方程式の「解の公式」。四則演算と平方根だけの「代数的操作」によって、どんな方程式でも解くことができる（ルートの中が負の数になったら、実数の範囲内では解けないが、複素数の範囲ならば必ず解ける）。

2次方程式 $ax^2+bx+c=0\ (a \neq 0)$

の解は，

$$x = \frac{-b \pm \sqrt{b^2-4ac}}{2a}$$

数字を入れれば機械的に方程式の解がわかる！

解ける、オールマイティな公式なのです。

ところで**2次方程式**とは、未知数（xなど）の次数（43ページ参照）が一番高いところが2次（x^2など）になっている方程式です。その解の公式は、**古代バビロニア**ですでに知られていました（59ページ参照）。

では、次数がもっと高く、3次（x^3など）になっている方程式には、**解の公式**はないのでしょうか。

結論からいうと、**3次方程式の解の公式**は存在します。ただし、その公式は、2次方程式の場合とは比べものにならないほど複雑で長く、とてもここには載せられません。とはいえ、どうしても別の解き方が見つからない場合は、その公式で四則演算と**累乗根**の操作を行えば、原理的には解にたどり着けます。

デル・フェッロとフォンタナ

歴史上初めて、いろいろなタイプの3次方程式を機械的に解く方法（解の公式の先駆けのようなもの）を発見したのは、イタリアの数学者**シピオーネ・デル・フェッロ**（1465～1526年）だったようです。

しかし、デル・フェッロはその解法を公表しないまま亡くなりました。当時のイタリアの数学者たちの間では、キャリアとプライドを賭けた数学の試合が行われており、数学バトルで勝ちつづけるためには、すばらしい発見をも秘密にして独占しておくことが必要だったのです。

デル・フェッロの弟子の**アントニオ・マリ**

ア・フィオール（生没年不詳）は、師から3次方程式の解法を教わっていました。しかし、あまり才能がなかったフィオールは、師の発見をすべて受け継ぐことができず、決まったパターンの3次方程式しか解けませんでした。

その頃、**ニコロ・フォンタナ**（通称**タルタリア**、1499~1557年）という数学者も3次方程式に取り組み、一般的な解法に迫っていました。

そして1535年、フィオールとフォンタナは、3次方程式の問題を出し合う数学真剣勝負を行います。勝ったのは、より多くのパターンの解法を身につけたフォンタナでした。

▲フォンタナ。

カルダーノとフェラーリ

そんなフォンタナの噂《うわさ》を聞いて、「3次方程式の解法を知りたい」と、フォンタナに接近した人がいます。**ジェロラモ・カルダーノ**（1501~1576年）という数学者です。

カルダーノはフォンタナから、「秘密厳守」を条件に、解法を教えてもらったといいます。

しかし、1545年にカルダーノが出版した**『偉大なる術』**という書物には、フォンタナによって導き出された**3次方程式の一般的解法**（解の公式に相当するもの）が、カルダー

▲カルダーノ。

$a \neq 0$とすると、

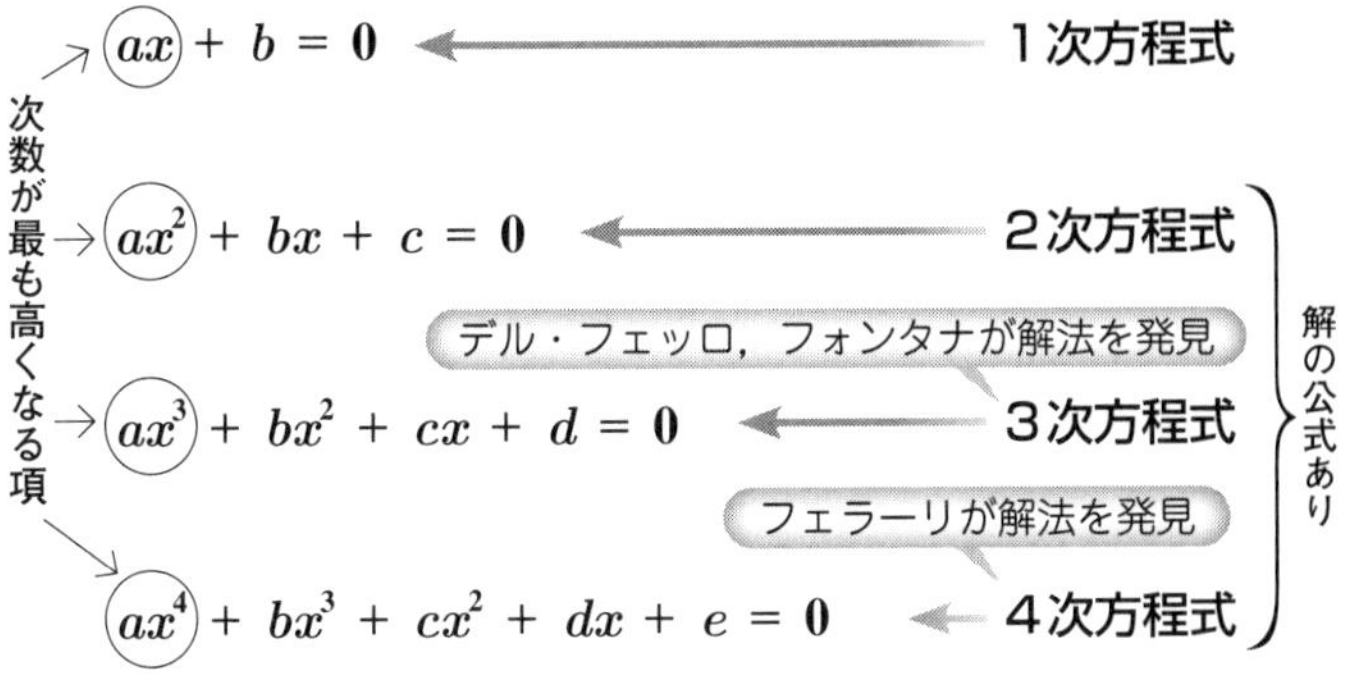

▲ 2次～4次の方程式の形。4次方程式までは「解の公式」（より正確にいうと、四則演算と累乗根だけの「代数的な一般的解法」）が存在するが、5次以上の方程式にはそれがない（145ページ参照）。

ノの弟子**ルドヴィコ・フェラーリ**（1522～1565年）によって導き出された**4次方程式の一般的解法**とともに載っていました。「秘密厳守の約束を破ったな」と怒ったフォンタナは、公開数学バトルを申し入れます。ところが、フェラーリによって返り討ちにされてしまったということです。

ただし、秘密厳守の約束が本当にあったのかどうかはわかりません。3次方程式の解法にしても、カルダーノらはデル・フェッロの論文も参照しており、「フェラーリから盗んだ」といった単純な話ではないようです。

ともあれ、3次方程式の一般的な解法は、今日、**カルダーノの公式**と呼ばれています。

また、『偉大なる術』には、世界で初めて**虚数**（51ページ参照）も登場しています。

Mathematics in early modern Europe

02

近代数学があるのはこの人のおかげ！

デカルトと解析幾何学

哲学者にして科学者

イタリアで3次方程式と4次方程式の解法が発見されるなどする中、**代数に関する記号**も整備されていきました。それまで、数学は文章で書かれていたのですが、だんだん記号が使われるようになっていったのです。

特に、フランスの**フランソワ・ヴィエタ**（1540～1603年）は、現代の**記号代数学**への道を開いたとされます。そしてそれを洗練させ、現代の記号の使い方に大きく近づけたのが、同じくフランスの**ルネ・デカルト**（1596～1650年）です。

彼は哲学者としても非常に名高い人ですが、徹底的に理性にもとづいて考えようという態度によって、近代科学や近代数学の成立にも大きく貢献しました。

▲デカルト。

解析幾何学と座標

デカルトの数学的な業績の中でも大きなも

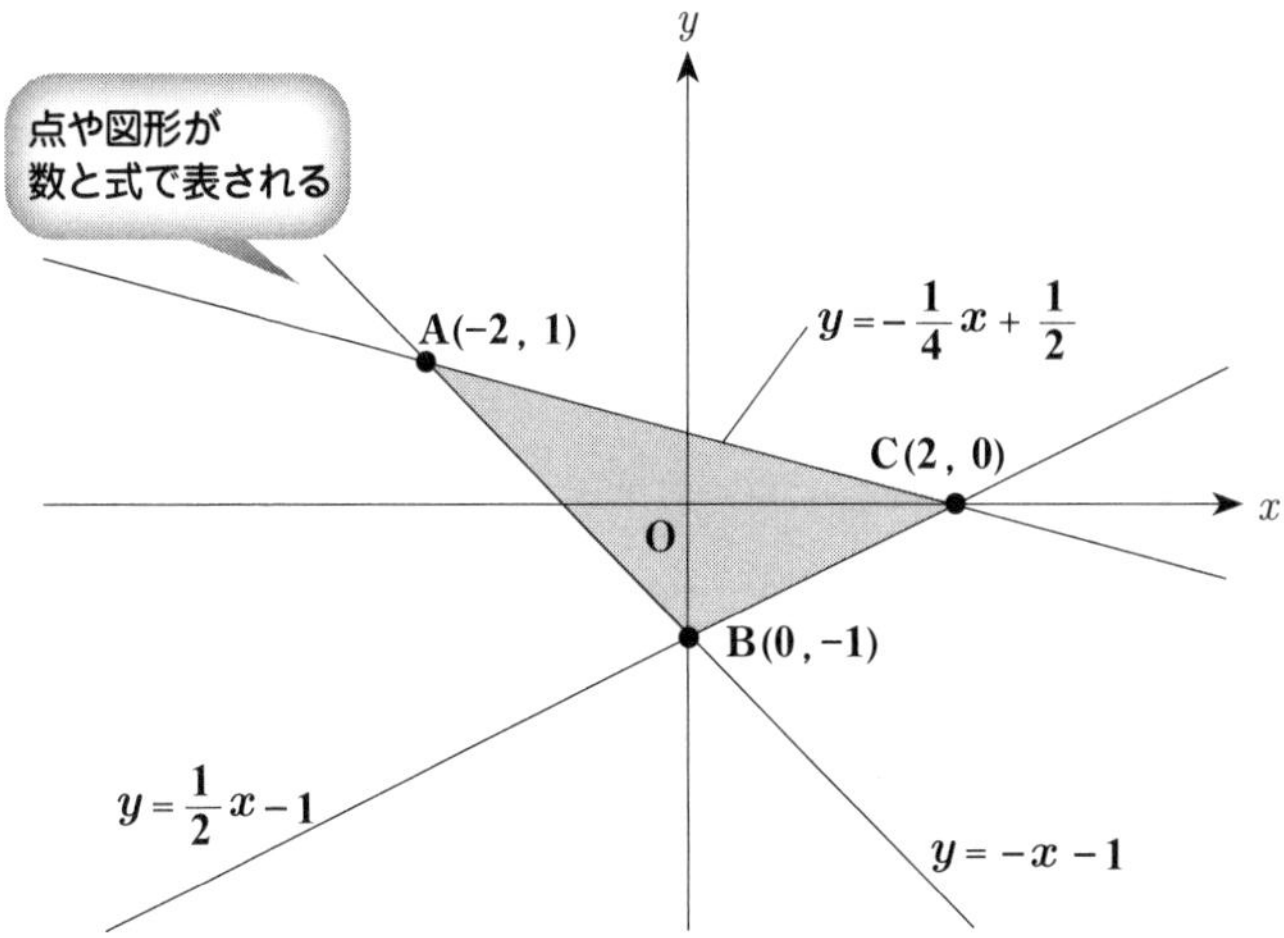

▲直行する x 軸と y 軸で作られる、現在の「座標平面」（xy 平面）。△ABC の 3 つの頂点は、(x, y) の値の組によって、それぞれ A（−2, 1），B（0, −1），C（2, 0）と表せる。図形が数字と式で表されるのである。ただし、デカルトが当初作った座標平面は、x 軸と y 軸が逆で、x や y が負になる領域はなかった。

のは、**解析幾何学**《かいせききかがく》の創始です。これは、近世ヨーロッパで盛んになってきた代数学を、**幾何学**と融合させたものです。

それまでの幾何学は、古代ギリシアの幾何学（第3章参照）をモデルにして、図形を図形としてのみ扱ってきました。しかしデカルトは、図形を数式で表すことを考えました。

x の数直線と y の数直線を直行させた平面を作り、その上のあらゆる点を、対応する x と y の値の組で表します。これを**座標**《ざひょう》といいます。この**座標平面**《ざひょうへいめん》の導入により、平面上の図形を、代数的な数式で表すことができます。

解析幾何学は、現代の**解析学**の原型となりました。私たちが中学や高校で習う座標とグラフは、とても便利で面白いものですが、デカルトの考えから生まれたものなのです。

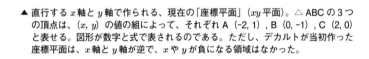

03

Mathematics in early modern Europe

専門家たちをうならせた驚異の才能

最強のアマチュア数学者フェルマー

専門家ではなかった！

デカルトと同時代に生きた大数学者に、**ピエール・ド・フェルマー**（1607〜1665年）がいます。

大数学者といっても、彼は専門の数学研究者ではありませんでした。法律家としてはたらき、平穏な生活を送るかたわら、アマチュアとして数学を楽しんだのです。

▲フェルマー。

アマチュアだからといってあなどってはいけません。ずば抜けた才能をもつ彼は、数学史に名を刻む業績を、いくつもあげています。

フェルマーは、**解析幾何学**のもうひとりの創始者だといえます。彼は、**デカルト**のものよりも洗練された、x軸が横でy軸が縦の（私たちが使っているものに近い）**座標平面**を考案しました。デカルトと意見交換しながら、**微分積分**につながる重要な研究も行いました（96ページ参照）。

また、数学者で哲学者の**パスカル**（100ページ参照）とともに、古典的な**確率論**を生み出しています。

『算術』への書き込み

フェルマーの業績の中で、特によく知られているのは、整数をはじめとする数の本質をさぐる**数論**分野のものではないでしょうか。

フェルマーは1630年頃、1冊の本を入手しました。それはローマ時代の数学者**ディオファントス**（3世紀）の著作『**算術**』のラテン語訳で、代数学的内容が書かれていました。フェルマーはそれを熱心に読み込み、気づいたことを余白に書き込んで、数についての考えを深めていきました。

フェルマーの死後、彼の息子が、フェルマーの書き込みを追加した『算術』を出版しました。48か所の書き込みはほかの数学者たちによって検証されていきましたが、ひとつだけ、「**3以上の自然数 n に対して、$x^n+y^n=z^n$ を満たす自然数の組（x, y, z）は存在しない**」という内容の書き込みについては、だれも真偽をたしかめることができませんでした。

この予想は**フェルマーの最終定理**《さいしゅうていり》と呼ばれ、以後350年もの間、さまざまな数学者がこの予想に挑みつづけることになりました。

▼1621年に出版された、ディオファントス『算術』のラテン語訳。

DIOPHANTI
ALEXANDRINI
ARITHMETICORVM
LIBRI SEX,
ET DE NVMERIS MVLTANGVLIS
LIBER VNVS.
LVTETIAE PARISIORVM,
Sumptibus SEBASTIANI CRAMOISY, via
Iacobæa, sub Ciconiis.
M. DC. XXI.
CVM PRIVILEGIO REGIS.

04

Mathematics in early modern Europe

デカルトとフェルマーの論争から発展した

微分法の先駆け　接線法

一瞬の変化をとらえる微分

ともに**解析幾何学**を創始した**デカルトとフェルマー**は、「曲線上のある一点で、どのように**接線《せっせん》**を引くか」という**接線問題**に取り組み、論争も行いました。彼らの**接線法《せっせんほう》**は、最初は図形的な興味から研究されはじめたようですが、のちの**微分法《びぶんほう》**の先駆けとなります。

微分とは、「**変化するもの**」**の、一瞬の変化の仕方をとらえること**です。目に見えないほど小さな幅の間に、どれだけ変化するかを調べるのです。単に図形的な問題だけではなく、「**変化するもの」全般を正確に分析できる超重要ツール**として、物理学や経済学などにも応用されることになります。ここで、微分の基本的な考え方を押さえておきましょう。

変化の割合と平均変化率

まずは「変化するもの」の最も簡単な例として、**1次関数**を考えてみましょう。

1次関数は、グラフとしては左図のような**直線**で表されます。この1次関数では、xの値が大きくなると、yの値も大きくなります。

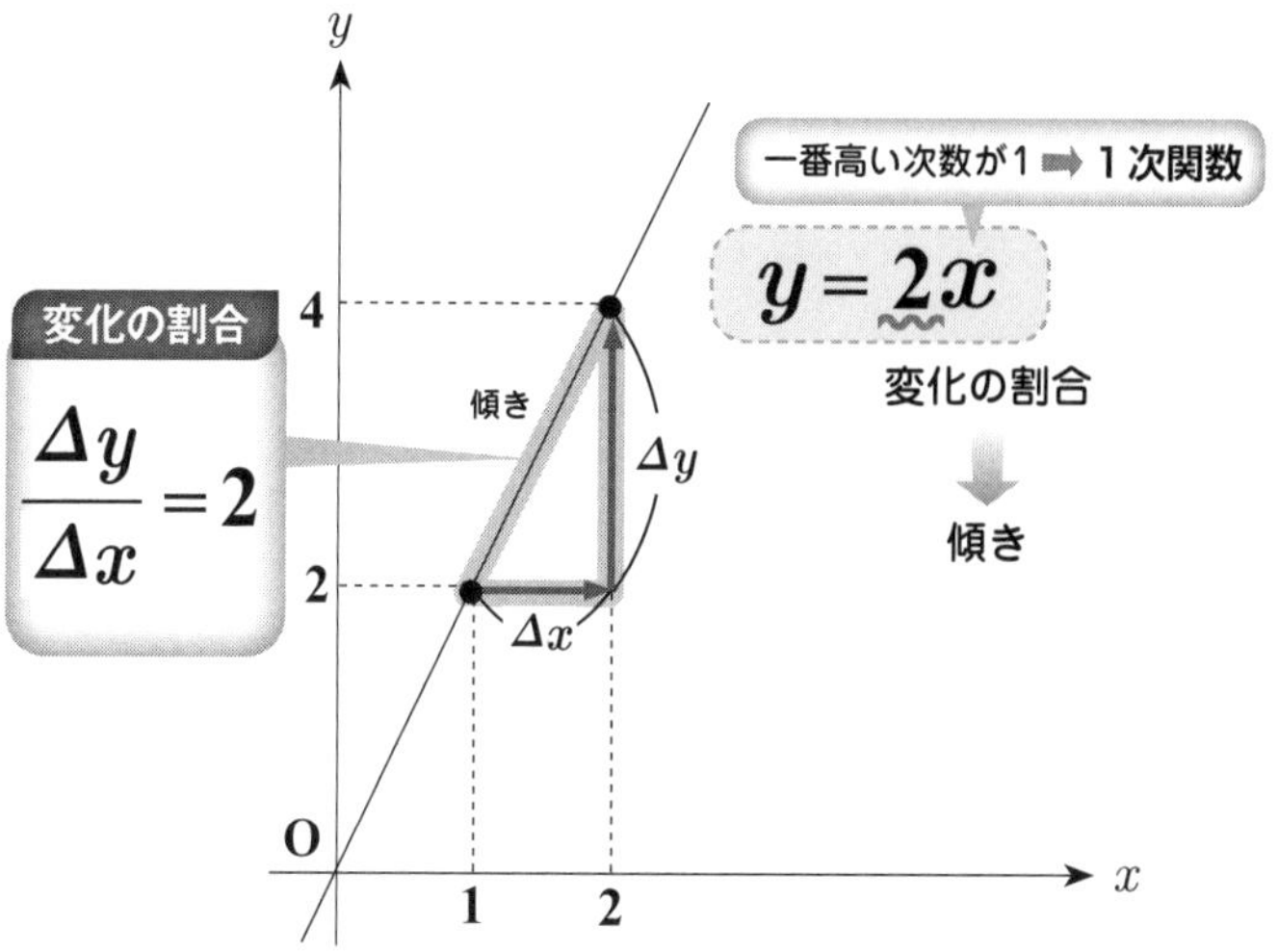

▲「1次関数」の「変化の仕方」は、つねに一定であり、「変化の割合」として求めることができる。その「変化の割合」は、xの係数（xに前からかかっている数）であり、「直線の傾き」としてグラフに表現される。

xとyが変化しつづけているといえます。

その変化の仕方は、とても単純です。xが1増えるごとに、yは2ずつ増えています。

ここで、「xがどれだけ増えたか」を**Δx**、「yがどれだけ増えたか」を**Δy**と表すことにすると、**ΔyをΔxで割った割合**は、「xの増加量に対して、yの増加量はどれくらいか」を表します。これを**変化の割合**といいますが、1次関数では、変化の割合は一定であり、グラフには**直線の傾き**として表現されます。

では次に、**2次関数**を見てみましょう。

x^2の項をもつ2次関数は、グラフとしては、次ページの図のような**放物線**《ほうぶつせん》と呼ばれる曲線で表されます。これもxとyが変化しつづけているといえますが、その変化の仕方は、1次関数のように一定ではありません。

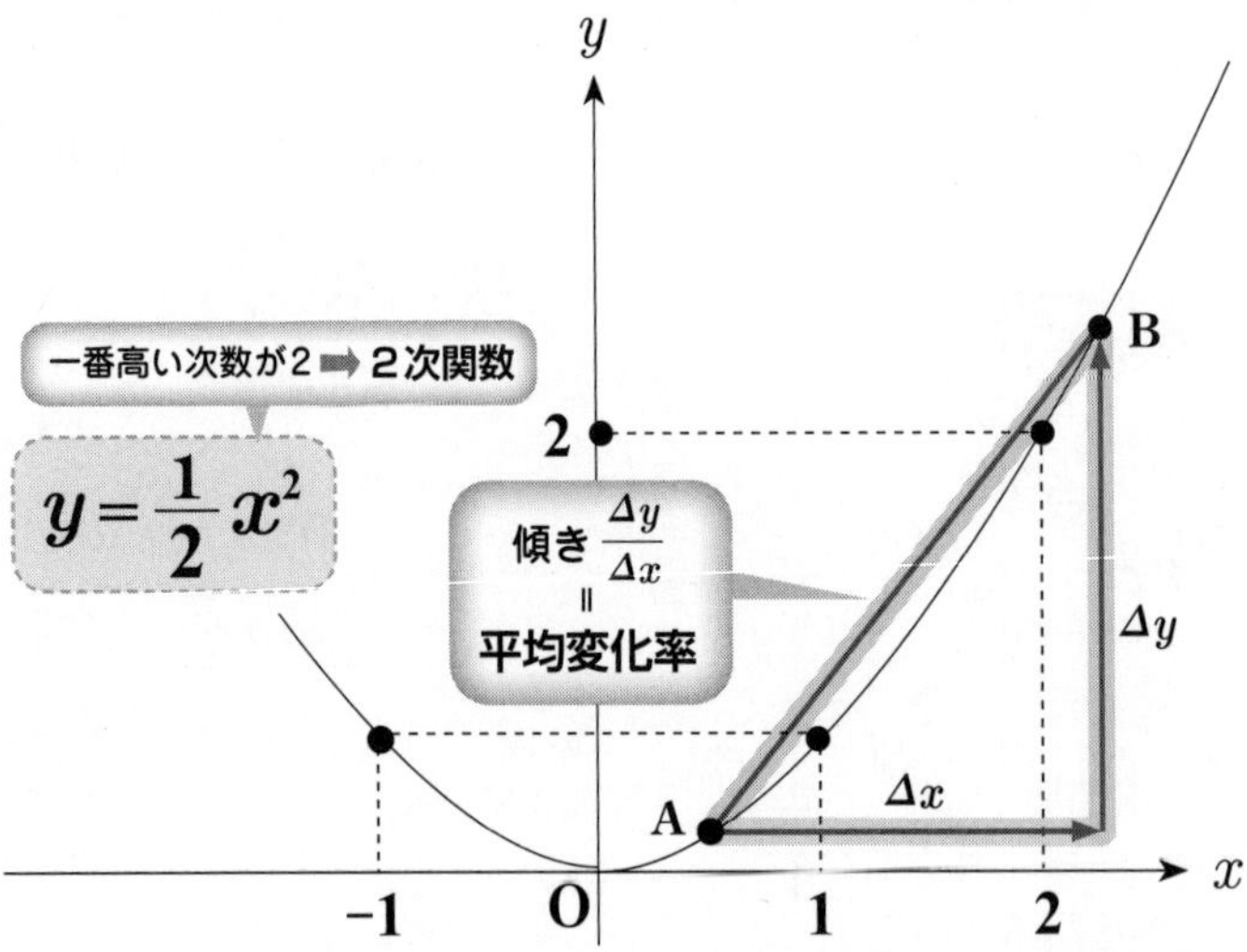

▲「2次関数」の場合、「変化の仕方」がつねに変化している。「平均変化率」を調べても、「変化の仕方」は大ざっぱにしかわからない。

2次関数では、変化の割合自体がつねに変化しつづけています。2次関数は、1次関数よりも**「変化の仕方」が複雑な関数**なのです。

接線の傾き

それでも、何とかして2次関数の「変化の仕方」が知りたいので、とりあえず1次関数のときと同じように、グラフ上の適当な2点ABの間で、ΔxとΔyの割合を調べてみます。この値を、2点AB間での**平均《へいきん》変《へん》化率《かりつ》**といいます。平均変化率は、グラフ的には、**直線ABの傾き**を意味します。

上図のとおり、**直線ABは2次関数のグラフとズレています**。2次関数の「変化の仕

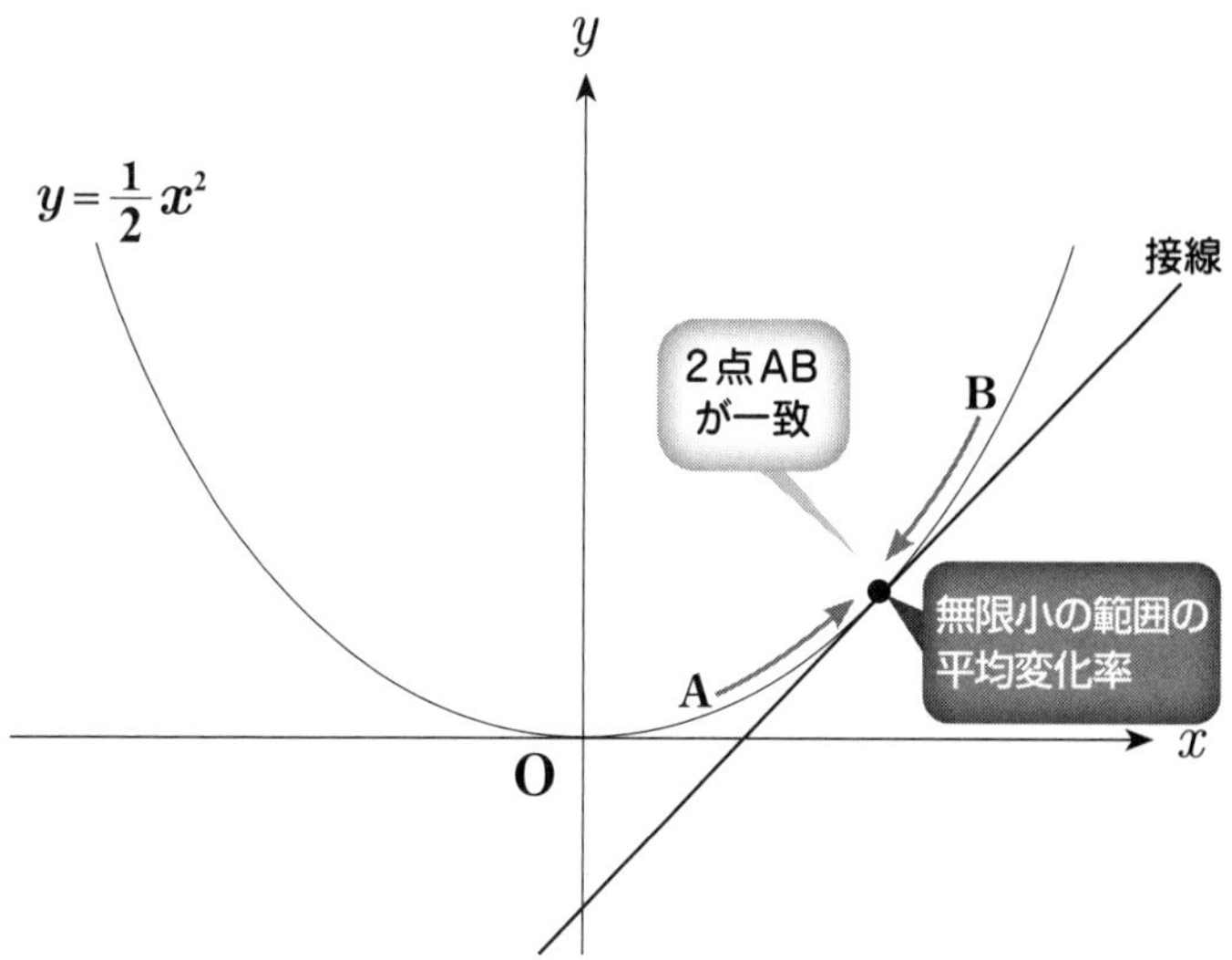

▲「無限小の範囲」での「平均変化率」を調べることで、ある一瞬の「変化の仕方」を、正確に知ることができる。それが「微分法」であり、グラフ的には、「接線の傾き」を調べることを意味する。

方」を正確にとらえたものだとはいえません。

しかし、点Aと点Bをどんどん近づけていくと、直線ABと2次関数のグラフとのズレは、小さくなっていくでしょう。

そして点Aと点Bが一致するとき、その**無限に小さい幅**だけを見れば、直線ABと2次関数のグラフは、完全に一致します。

このとき、直線ABは、その一点でだけ放物線と接する**接線**となっています。この**接線の傾き**は、この一瞬に2次関数がもっている、**変化するための見えない力**を表しています。

その力を求めるのが微分法です。つまり**微分とは、グラフでいうと、ある一点における接線の傾きを求めること**なのです。デカルトとフェルマーとの論争から編み出された接線法は、このような考え方に通じるものでした。

05
Mathematics in early modern Europe

「確率」という考え方はここから生まれた！
パスカルの賭け

ド・メレの分配問題

私たちは、日常的な暮らしの中で、しばしば**確率**というものを考えます。代表的な例は天気予報の降水確率でしょう。しかし、この「確率」という考え方は、17世紀半ばまでは存在していませんでした。1654年、フランスの数学者**ブレーズ・パスカル**（1623～1662年）が**フェルマー**との間に交わ

▲パスカル。

した一連の手紙によって、初めて**確率論**が生まれたのです。

きっかけは、**シュヴァリエ・ド・メレ**という賭けごと好きの騎士が、パスカルに投げかけた次のような問題でした。

Aさんと Bさんが、コイン投げをくり返し、表が出た回数と裏が出た回数をカウントします。先に3回に達したのが表ならAさんの勝ちで、裏ならBさんの勝ち。勝者は賞金を総取りします。

ところが、表が2回、裏が1回出たところで、ちょっとした事情があり、コイン投げを中止しなければならなくなりました。

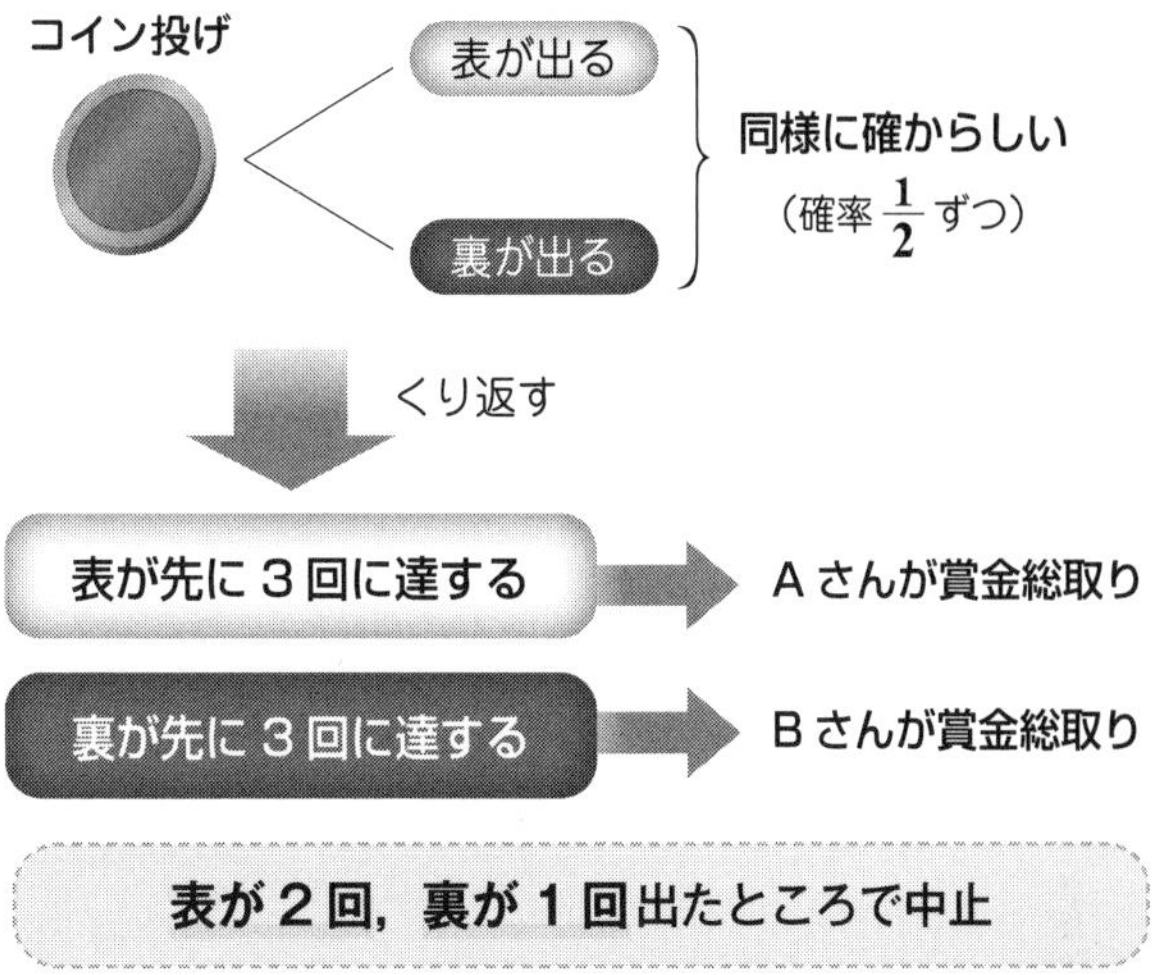

▲ パスカルとフェルマーが「確率論」を築くきっかけとなった、ド・メレの問題の概要。

これまでの経過も踏まえて、賞金をAさんとBさんに分配したいと思います。どう分配すればよいでしょうか。

確率論を生んだ手紙

この問題に関して、パスカルはフェルマーと手紙で意見交換しました。パスカルは次のように考えました。

中止されずに続けたとしたら、続きの1回目で、表が出てAさんが勝つか、裏が出て勝負続行になるか、確率は半分ずつです。

勝負続行の場合、続きの2回目では、表が出ても裏が出ても勝負が決まり、AさんとBさんそれぞれが勝つ確率は半分ずつです。

パスカルの考え方

表2回，裏1回からの続きを場合分け

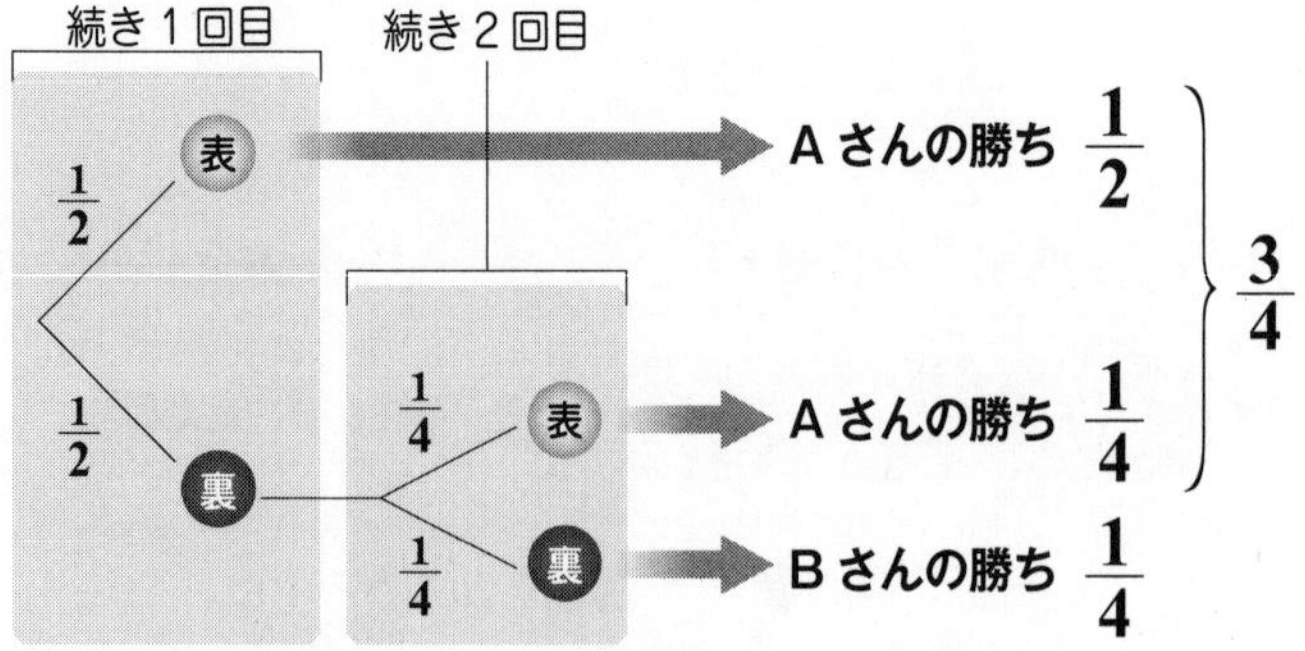

▲ド・メレの問題に対する、パスカルの考え方。段階を追って場合分けをし、最後に「Aさんが勝つ確率の総計」と「Bさんが勝つ確率の総計」を比べている。

これらをまとめると、上図のようになります。Aさんの勝率は合わせて$\frac{3}{4}$、Bさんの勝率は$\frac{1}{4}$なので、**3：1の比で分配すればよい**ことになります。

これに対して、フェルマーは別の考え方を示しました。

あと2回のうちに勝負は決まるので、実際にあと2回投げたときのコインの出方を想像すると、❶「1回目が表、2回目が表」、❷「1回目が表、2回目が裏」、❸「1回目が裏、2回目が表」、❹「1回目が裏、2回目が裏」の4通りです（すべて同じ確率）。

そのうち、❶〜❸（3通り）ならAさんが勝ち、❹（1通り）ではBさんが勝つので、やはり3：1で分配するのがよいということになります（左図を参照）。

フェルマーの考え方

表２回，裏１回から２回目の続きを想像

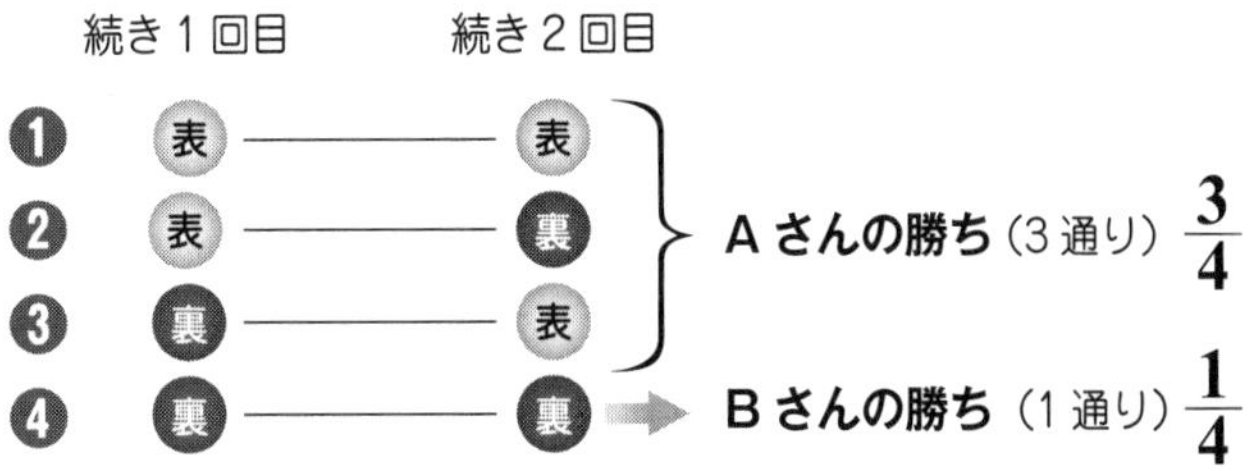

▲ ド・メレの問題に対する、フェルマーの考え方。起こりうる場合の数を出し、それに応じて分配すればよいとしている。パスカルの考え方もフェルマーの考え方も、どちらも正しい。

神がいるほうに賭けよ

パスカルは数学の天才でしたが、現在ではむしろ哲学者として有名かもしれません。

哲学的な主著『パンセ』の中に、**パスカルの賭け**と呼ばれる思考実験があります。「神は存在する」と「神は存在しない」のどちらに賭けるべきか、という問題です。

パスカルによれば、神を信じ、神が存在するほうに賭けた人は、神が本当に存在していた場合には「正しい信仰をもっていた」ということになりますし、神が存在しなかった場合にも、特に損はしません。ですから、神の存在を信じたほうがよいと、パスカルは主張しています。

06

Mathematics in early modern Europe

体積や面積の問題は積分法へつながっていく

求積法の発展

▼ケプラーの求積法

デカルトや**フェルマー**の**接線法**が微分積分の**微分法**につながるものだったという話をしましたが（96ページ参照）、**積分法**につながるのは、古代ギリシアの**アルキメデス**の流れをくむ**求積法**（79ページ参照）です。

ドイツの天文学者**ヨハネス・ケプラー**（1571〜1630年）は、惑星の運行に関連

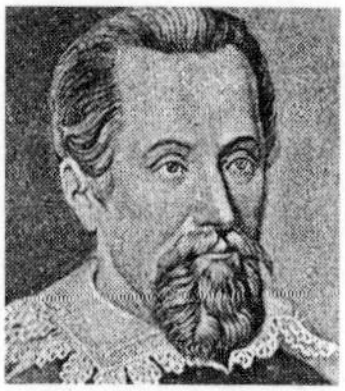

▲ケプラー。

する面積についての法則を発見し、また、ワイン樽《だる》の容積を求める計算なども行っていました。

▼無限小をめぐって

イタリアの数学者**ボナヴェントゥーラ・カヴァリエリ**（1598〜1647年）は、「**3次元**（**立体**）のものを無限に小さく分けると**2次元**（**平面**）に、2次元のものを無限に小さく分けると**1次元**（**線**）になる」と考えました。つまり、どこまでも細かく分ける

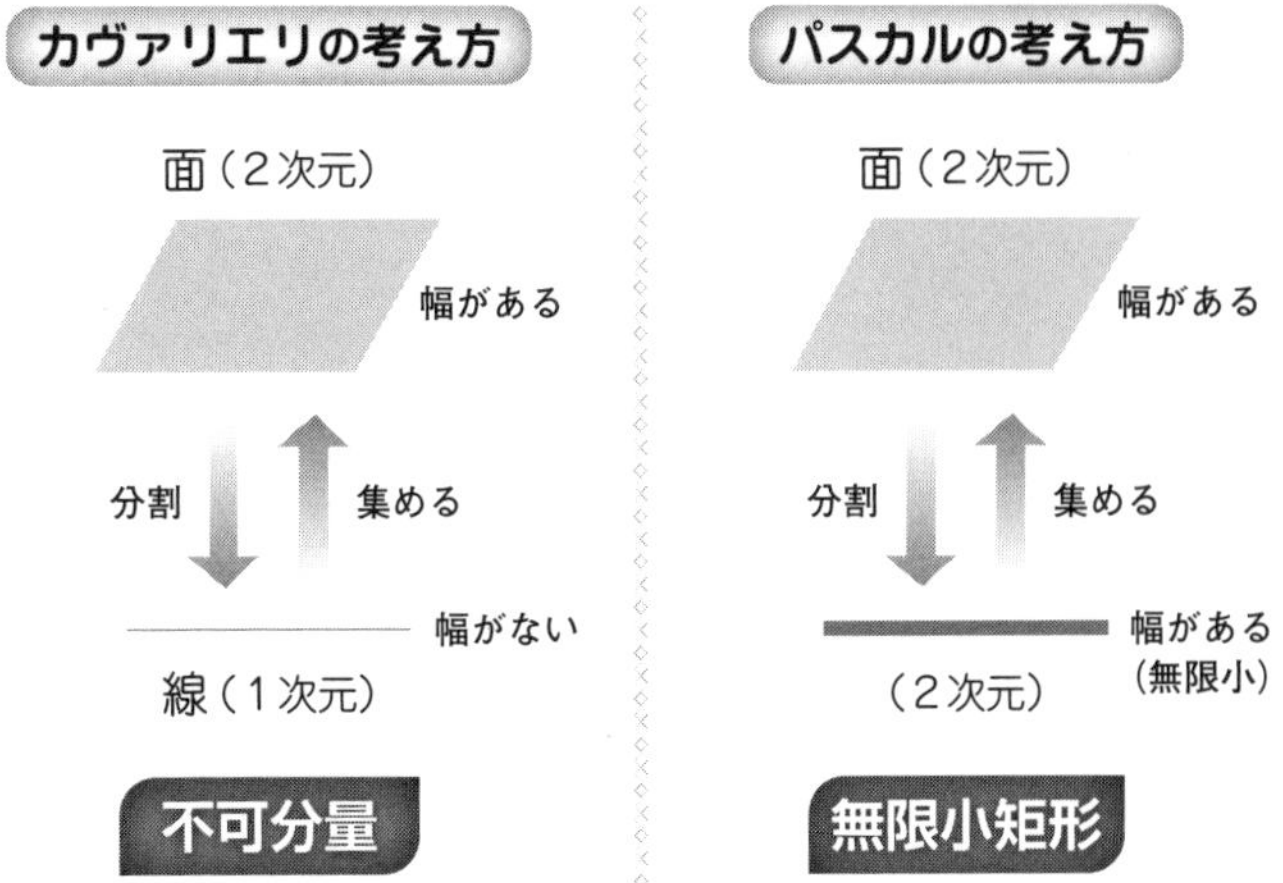

▲ パスカルの「無限小矩形」の考え方は、矛盾を含むあいまいな「不可分量」の概念を、「無限小の幅をもつ長方形」としてとらえ直すものだった（「矩形」とは長方形のこと）。この「無限小の幅をもつ長方形」を考えることが、「積分」の基本である。

▲ カヴァリエリ。

と、次元がひとつ下がるというのです。そして、立体を分割してできた面や、面を分割してできた線のように、極限まで分割された基本要素を、**不可分量**《ふかぶんりょう》と呼びました。

体積や面積を無限に小さいものの積み重ねとしてとらえるこの考え方は、積分の基本となります。しかし、「幅のない線を集めると面になる」というのは、矛盾しています。

パスカルはこの不可分量のアイデアを改良し、無限に小さいけれど幅がゼロではない**無**《む》**限**《げん》**小**《しょう》**矩**《く》**形**《けい》という概念を作りました。パスカルのこの考え方は、微分積分の成立に大きく貢献しました。

07

Mathematics in early modern Europe

微分積分学の基本定理に迫ったバロー

接線法と求積法の関係とは？

接線法と求積法の関係

デカルトと**フェルマー**が研究した**接線法**は、曲線に接線を引く方法であり、**微分法**に通じるものです。ここでポイントになるのは、曲線が「無限に小さい幅」の間にどう変化するか、ということです。

カヴァリエリや**パスカル**が研究した**求積法**は、図形の面積や体積を調べる方法であり、**積分法**に通じます。ここでのポイントは、「無限に小さい幅」の長方形の積み重ねです。

このふたつは、**無限小の幅**というキーワードでつながっているのがわかります。

接線法と求積法の間の関係に注目したのは、イギリスの数学者**アイザック・バロー**（1630〜1677年）です。

▲バロー。

微分積分学の基本定理

バローは著作の中で、**接線法**と**求積法**が、互いに**逆の関係にある**ことを示しました。こ

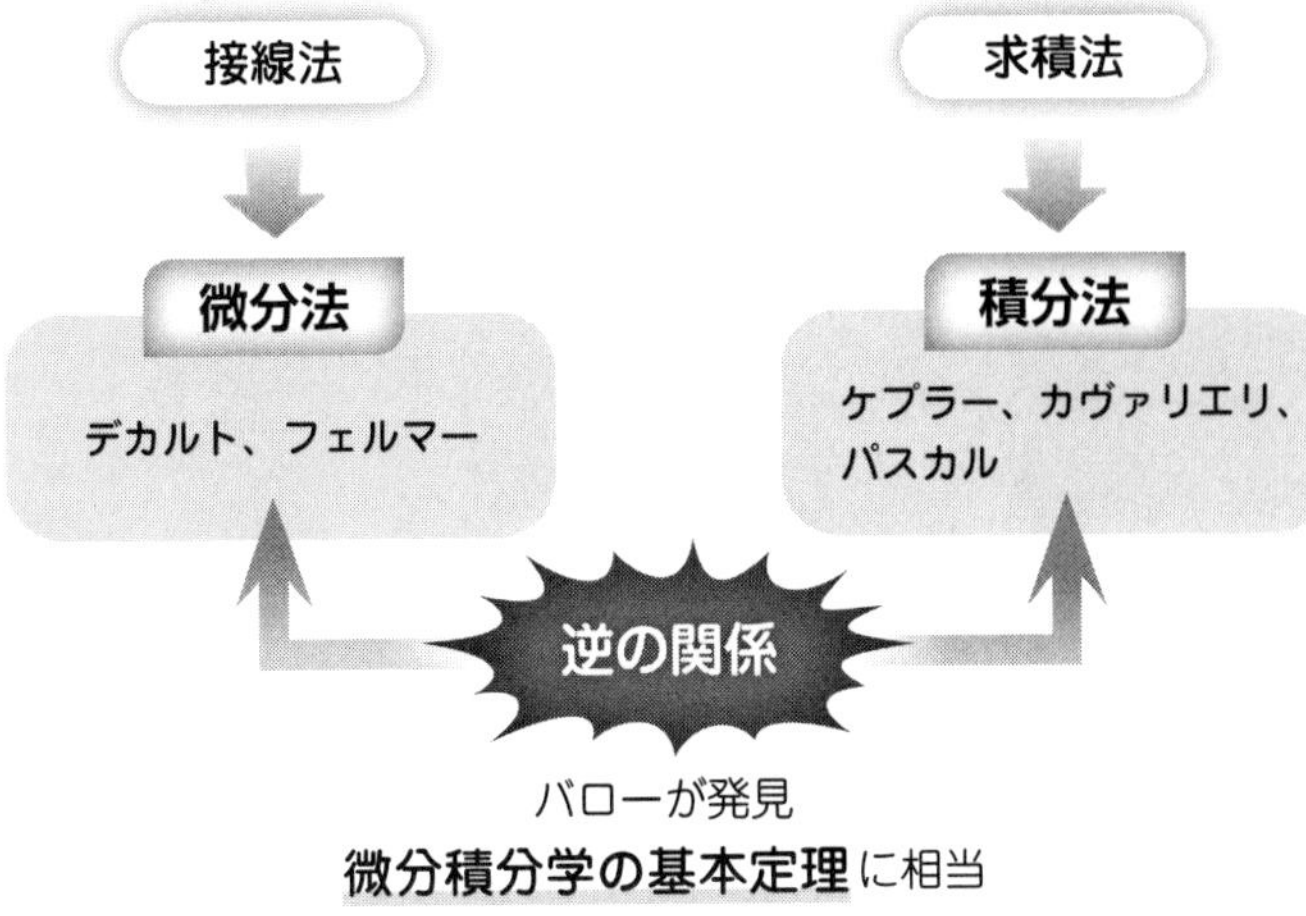

▲ バローは、「微分積分学の基本定理」につながるような内容を証明した。しかし、その方法は幾何学的なものであり、代数的な数式を使っていなかったので、「微分積分法の発見者」とはみなされない。

れは、**微分積分学の基本定理**と呼ばれるものにつながる発見です。

微分積分学の基本定理とは、「**微分法と積分法は、互いに逆演算《ぎゃくえんざん》の関係である**」というものです。「÷」と「×」のように逆の演算どうしのことを、**逆演算**といいます。

ある関数を微分して、そのあと積分すると、もとの関数に戻ります。また、ある関数を積分して微分すると、これももとに戻ります。

微分と積分が逆演算であることが発見されると、それまでバラバラに研究されていた微分と積分が統合され、**微分積分法**が確立されることになります。

ただし、バローの証明は代数的な数式を用いたものではなく、微分積分学の基本定理そのものの発見を意味してはいませんでした。

08

Mathematics in early modern Europe

ついに微分積分法が確立される！ ニュートンの流率法

天才科学者ニュートン

微分積分法の発見者（のひとり）となったのは、**バロー**の弟子、イギリスの**アイザック・ニュートン**（1642～1727年）です。彼は**万有引力《ばんゆういんりょく》の法則**の発見などで名高い科学者ですが、天才的な数学者でもありました。デカルトらの著作から学んだ解析幾何学的な手法を使い、数学を研究していきました。

▲ニュートン。

▼ニュートンは、曲線を「小さな点が動いた軌跡」とみなし、その「小さな点」が「ほんの一瞬」にもつ進行方向を考えた。

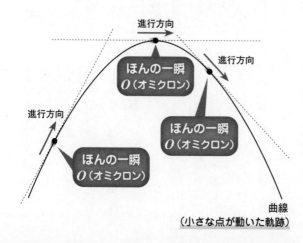

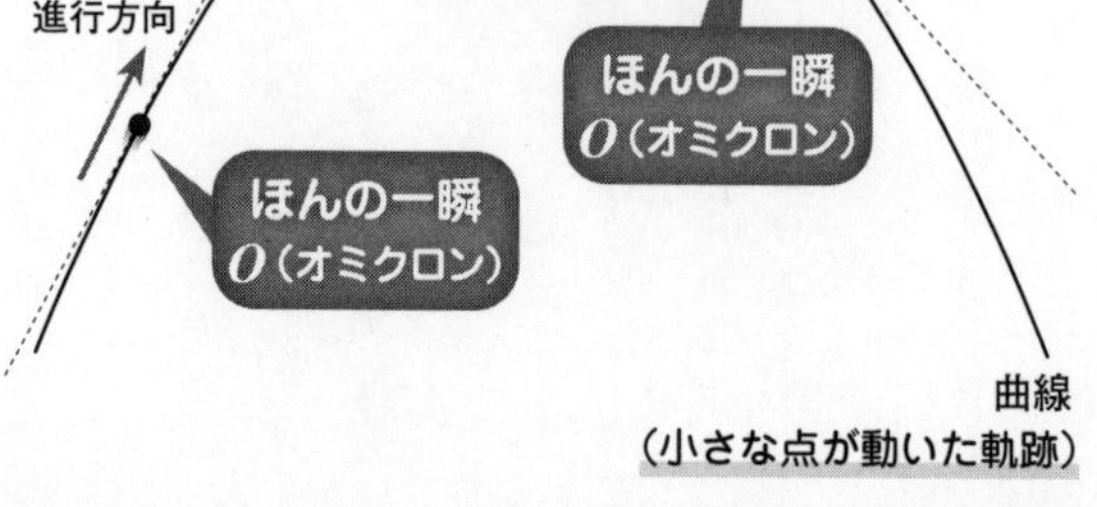

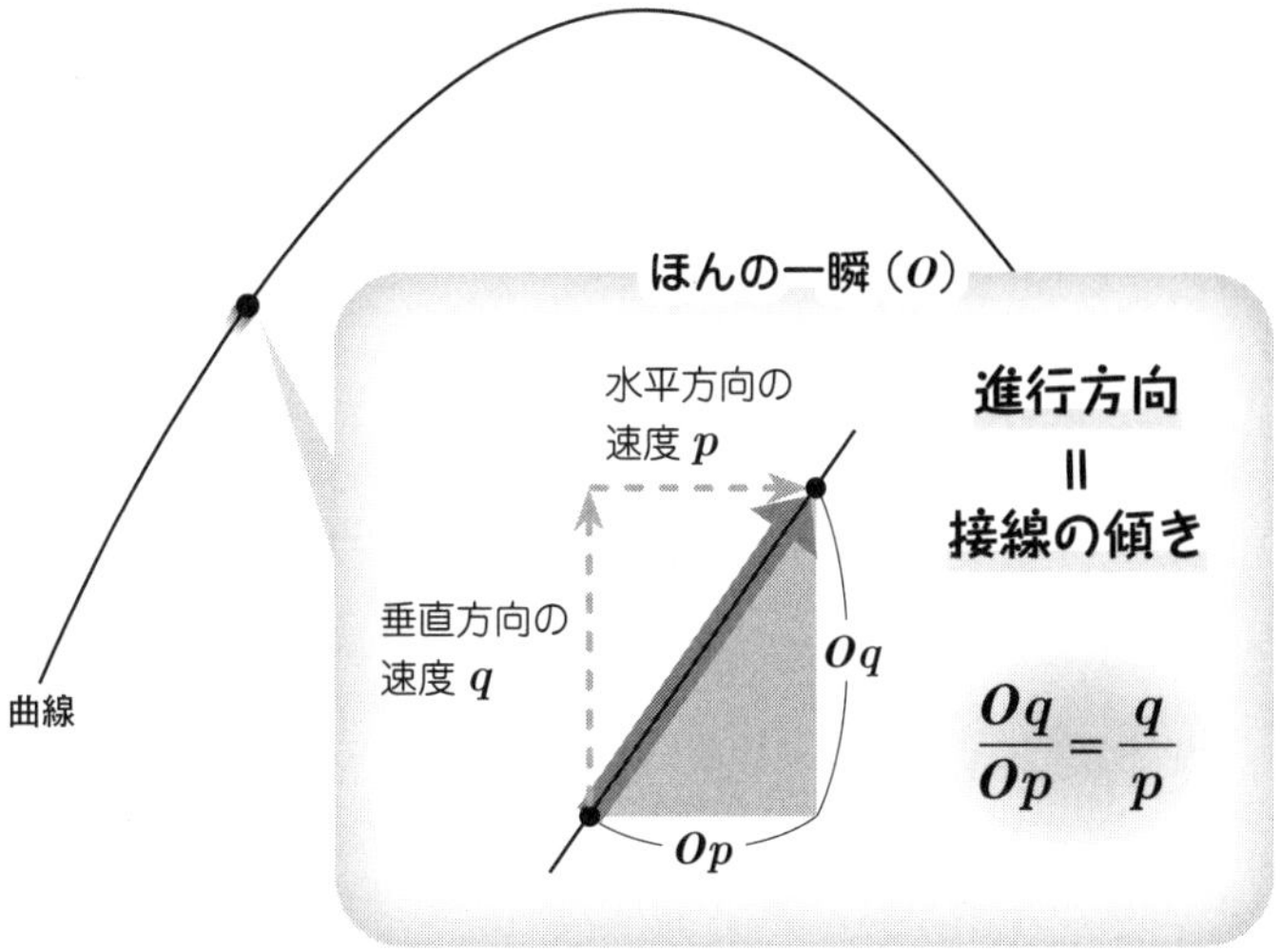

▲「O」という「ほんの一瞬」の時間での進行方向は、「接線の傾き」と一致する。

微分積分の確立

ニュートンは**曲線**というものを、「小さな点が、時間の経過とともに動いた軌跡」としてとらえました。

そう考えると、曲線上の点は、瞬間ごとに「その瞬間の進行方向」をもつことになります。そして、曲線上のある点における「その瞬間の進行方向」は、**接線の傾き**として表れます（右図を参照）。

ニュートンは、ほんの一瞬の時間を表す**O**（**オミクロン**）という記号を導入することで、「その瞬間の進行方向」（接線の傾き）を計算する方法を発明しました（上図を参照）。

また彼は、面積を求める**求積法**や、自らが

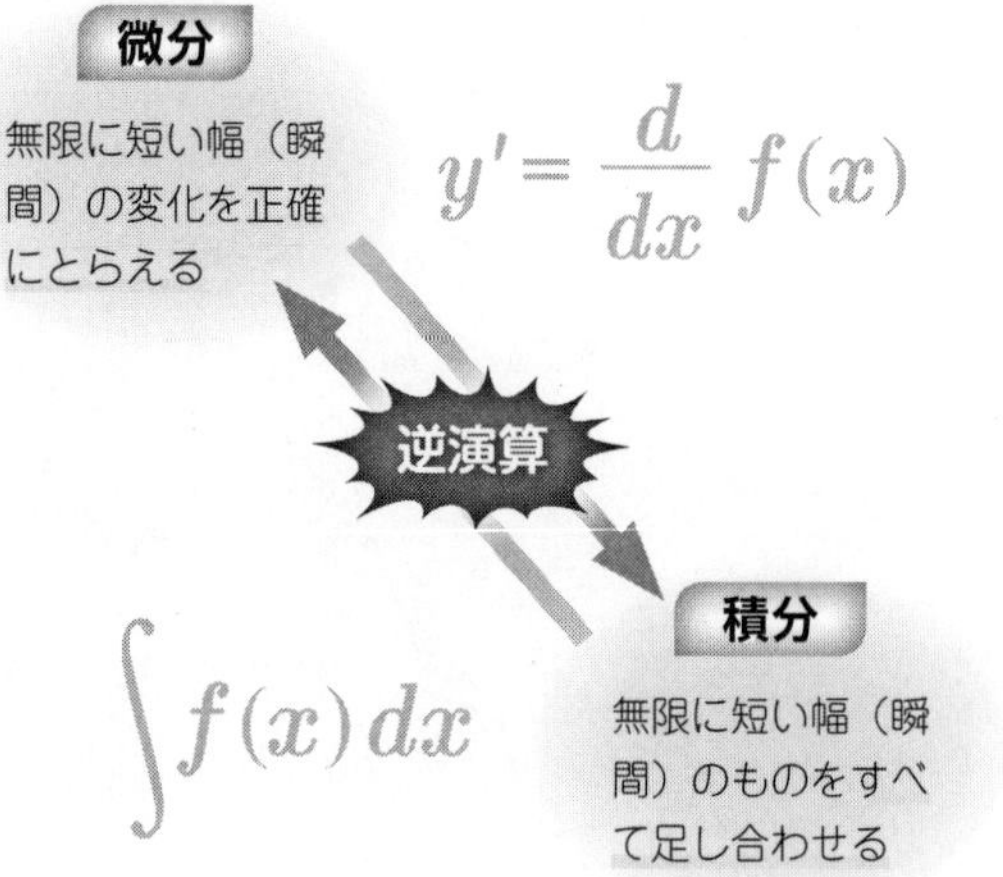

▲「微分」と「積分」は、「逆演算」の関係にある。これを「微分積分学の基本定理」という。

発展させた**接線法**が、**物理学**にも応用できることに気づきました。そして考察を深めたニュートンは、「**求積法は、接線法の逆である**」ということを発見し、代数的に示します。

これは「**微分と積分は逆演算である**」という**微分積分学の基本定理**を意味しており、この発見をもって、微分積分という数学的な方法が誕生したとみなされています。

ニュートンは、自分が発見した微分積分法を、**流率法**《りゅうりつほう》と名づけました。

物理学への応用

ニュートンによる微分積分の発見を支えたのは、彼の物理学的な関心でした。実際、微

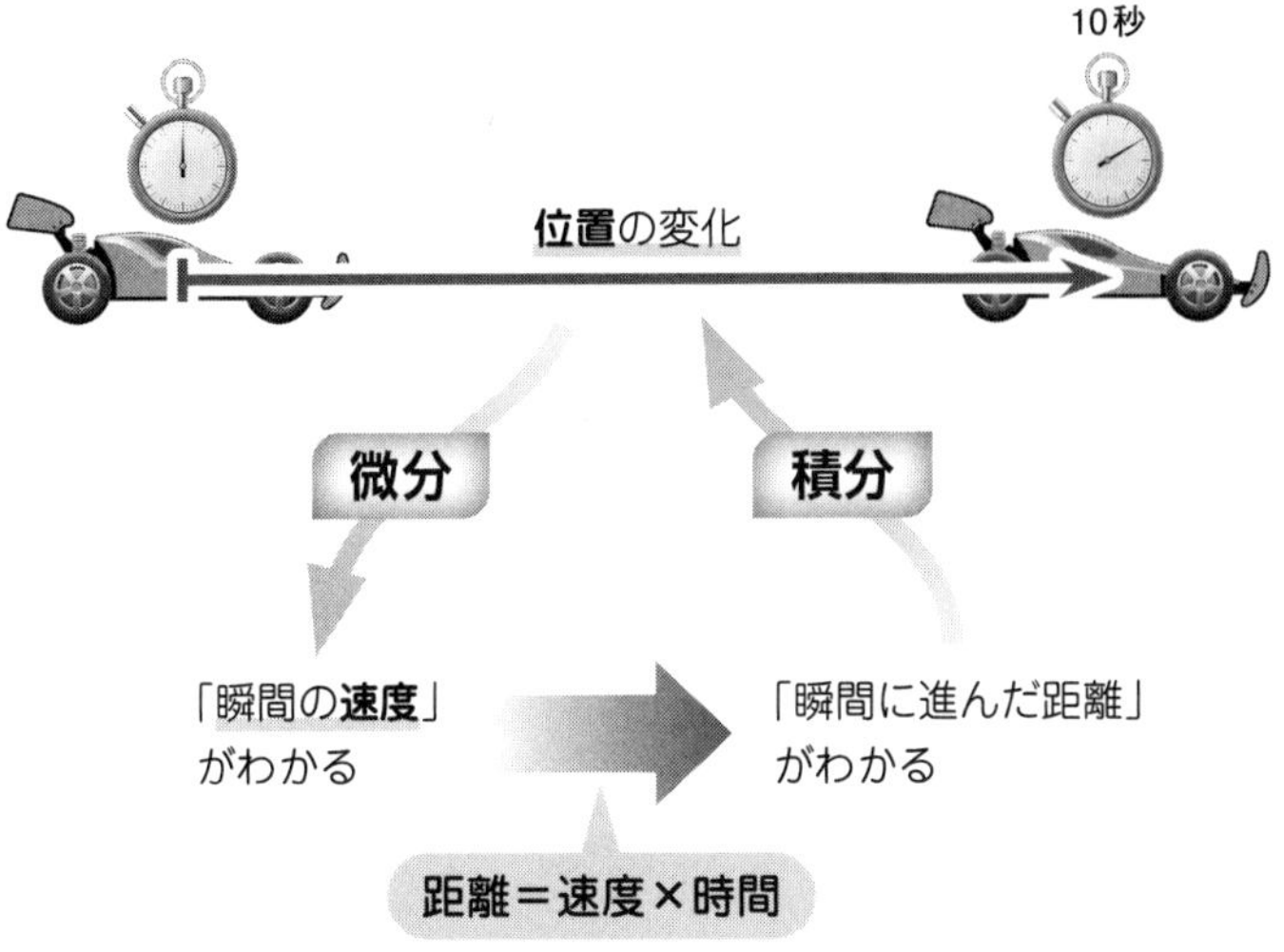

▲運動している物体の「位置」を微分すると「速さ」になり、「速さ」を積分すると「位置」に戻る。物理学の分野で、微分積分は大活躍する。

分積分は**物理学にとってなくてはならない重要ツール**となっています。

たとえば、運動する物体の**速さ**を知りたいとします。「2分で1200メートル進んだ」とわかったとしたら、**「速さ＝距離÷時間」**で、「秒速10メートル」と算出することはできます。しかし、これはあくまで平均の速さです。物体が速さを変えながら運動していたとしたら、**瞬間ごとの本当の速さ**は、大ざっぱな「距離÷時間」では測れません。

しかし、**微分**を使えば、物体の位置の変化から、瞬間ごとの速さを割り出せます。なぜなら微分とは、一瞬の変化をとらえるものだからです。逆に、速さを**積分**すれば、その一瞬ごとの変化を足し合わせることになり、物体の**位置**を知ることが可能になるのです。

09

Mathematics in early modern Europe

微分積分にはもうひとりの発見者がいた!!

ライプニッツの微分積分

普遍記号学の夢

17世紀後半、**ニュートン**とは別の道筋をたどって、**微分積分学の基本定理**に到達した人がいます。哲学者としても知られるドイツの数学者**ゴットフリート・ライプニッツ**（1646〜1717年）です。

▲ライプニッツ。

彼は少年時代から、「思想を記号化することであいまいさをなくし、だれが見ても誤解

▼「普遍記号学」の発想。その基本的な考え方は、デカルト以前から存在したとされる。

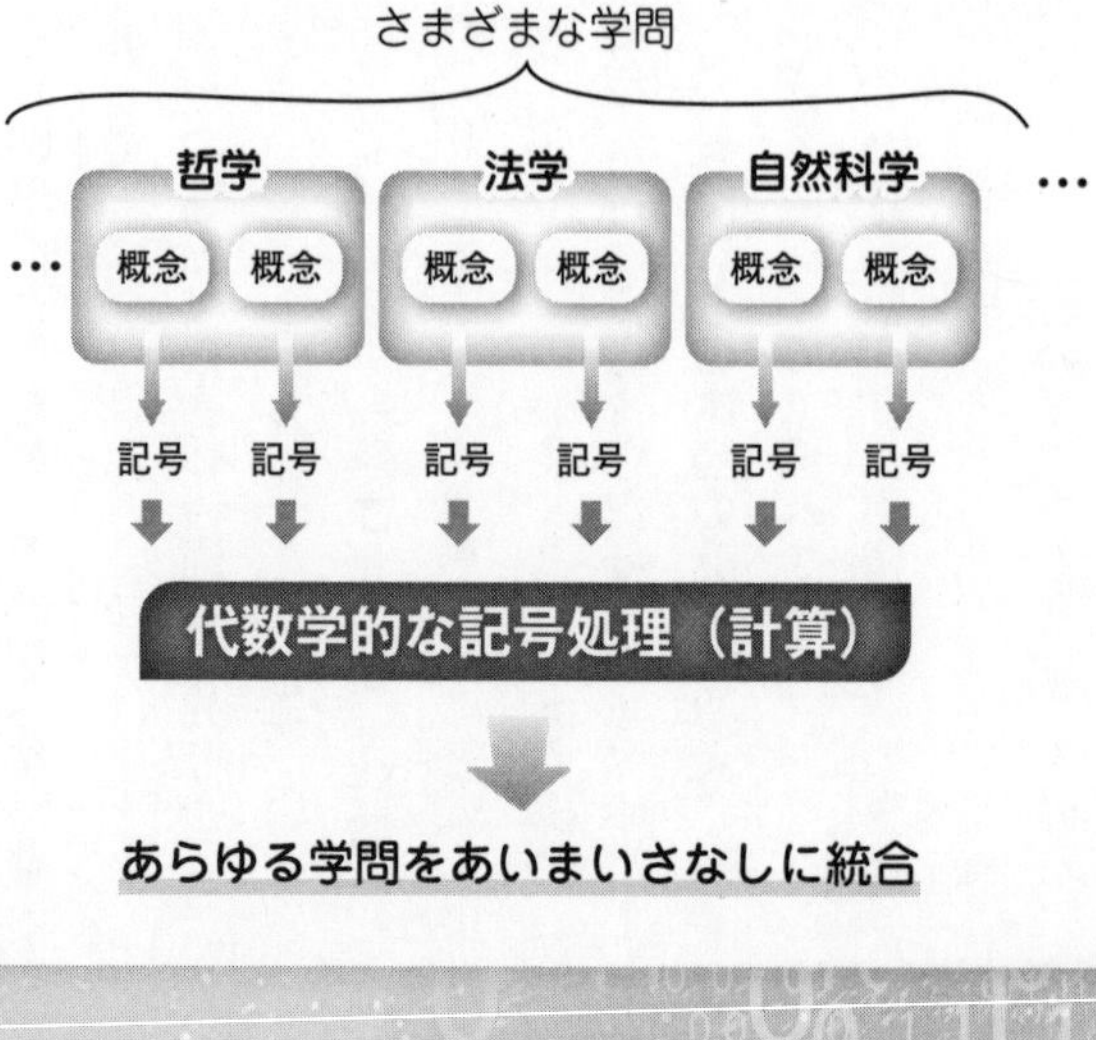

なく伝わるようにしたい」という夢をもっていました。これはある意味、数学の理想だといえます。

　その夢はやがて、哲学・論理学・数学・法学・自然科学など、さまざまな学問をひとつに統合した**普遍記号学**《ふへんきごうがく》を築き上げようという野心へと膨らみました。

基本定理を独自に発見

　ライプニッツは、**パスカル**の論文を読んだことがきっかけで、「**無限小**の図形を使って、曲線で囲まれた図形の面積を求められるかもしれない」と思いつき、研究します。

　その結果、ライプニッツも「接線を求める**接線法**と、面積を求める**求積法**は、**逆演算**である」ということに気づきました。そしてそれを、自らが考案した記号によって書き記したのです。

　ライプニッツが微分積分学の基本定理に到達したのは、１６７５年頃のことだとされます。そして彼は、１６８６年の論文でそれを発表しました。微分積分学の基本定理が世間に公表されたのは、これが史上初めてのことでした。

　現代のルールでは、だれよりも早く学術誌で正式に発表すれば、「ライプニッツが微分積分の発見者である」と認定されます。これを**先取権**《せんしゅけん》といいます。しかし、17世紀当時はそのようなルールは、きちんと定まっていませんでした。それが争いの種になります。

10

Mathematics in early modern Europe

「発見者」はニュートンかライプニッツか

微分積分をめぐる論争

▼泥沼の争い

現在では、**ニュートン**も**ライプニッツ**もともに**微分積分**の発見者だとされていますが、17世紀末から18世紀初頭にかけては、両者の支持者の間に争いがありました。

ことの発端は１６９９年、ニュートンを信奉する数学者が、「ニュートンこそが微分積分学の創始者であり、ライプニッツはそのアイデアを盗んだのだ」と著作の中でほのめかしたことでした。

ライプニッツは翌年、反論を発表しますが、１７０４年にはニュートンが、初めて彼の微分積分理論を公表した「求積論」の中に、「微分積分に関する成果を、ライプニッツに伝えたことがある」という内容を記しました。

そののち、それぞれの支持者たちの間で、誹謗中傷《ひぼうちゅうしょう》の応酬が生じます。ライプニッツは１７１１年、イギリスの権威ある科学学会である**王立協会**《おうりつきょうかい》に公正な判定を求めましたが、王立協会は１７１３年、「第一発見者はニュートンである」と発表。失意のライプニッツは3年後に亡くなりました。

ライプニッツの発見は、なぜオリジナルなものと認められなかったのでしょうか。

1642年	ニュートン、イギリスに生まれる
1646年	ライプニッツ、ドイツに生まれる
1665年頃	ニュートン、微分積分学の基本定理を発見
1675年頃	ライプニッツ、微分積分学の基本定理を発見
1676年	ライプニッツ、ニュートンの論文を読み、写し取る
	ライプニッツとニュートン、手紙を交わす
1686年	ライプニッツ、微分積分学の基本定理を発表
1699年	ライプニッツ、微分積分のアイデア盗用の疑いをかけられる
1704年	ニュートン『光学』発表（その付録が「求積論」）
1711年	ライプニッツ、王立協会に公正な判定を求める
1713年	王立協会、微分積分の第一発見者はニュートンだと判定
1716年	ライプニッツ、没
1727年	ニュートン、没

▲微分積分の「先取権」をめぐる争いの経緯。

真相はどうだったのか

その理由のひとつとされたのが、❶「ライプニッツは1676年にロンドンで、ニュートンの論文を読んで写し取っていた」という事実です。ニュートンは1665年頃に**微分積分学の基本定理**を発見し、公表はしなかったものの、論文にまとめていました。

もうひとつ理由とされたのは、❷1676年にニュートンとライプニッツの間で交わされた手紙です。その中でニュートンが、微分積分学の基本定理を伝えたとされました。

しかしそもそも、❶の論文や❷の手紙にふれるよりも前、1675年頃に微分積分学の基本定理にたどり着いていたとされます。

また、❶の論文からライプニッツが写し取っていたのは、微分積分学の基本定理とは関係のない部分だけでした。

❷の手紙に至っては、その手紙の核心部分を、ニュートンは暗号で書いていたのです。そんなものを、ライプニッツが読み取れるでしょうか?

しかし、この問題に判定を下した王立協会の当時の会長は、一方の当事者であるニュートンでした。これでは、フェアな判定になるはずもありません。

微分積分のあいまいさ

微分積分をめぐる論争は、これだけではありませんでした。微分積分について、「理論的にあいまいなのではないか」と批判する人たちがいたのです。

たとえば、私たちが高校で習う微分でも、接線の傾きを求める際、**無限小の幅**での変化を調べます（99ページ参照）。

このとき、調べる幅を「限りなくゼロに近づける」ということを行うために、**極限**《きょくげん》の考え方が使われます。極限とは、「一致させることなく、ある値に限りなく近づけていくこと」だと教えられます（左図参照）。

しかし、この「限りなく」とか「近づける」といった言葉は、感覚的にはわかりますが、じつは数学的には厳密なものではありません。微分積分の理論の中には、あいまいな部分があったのです。

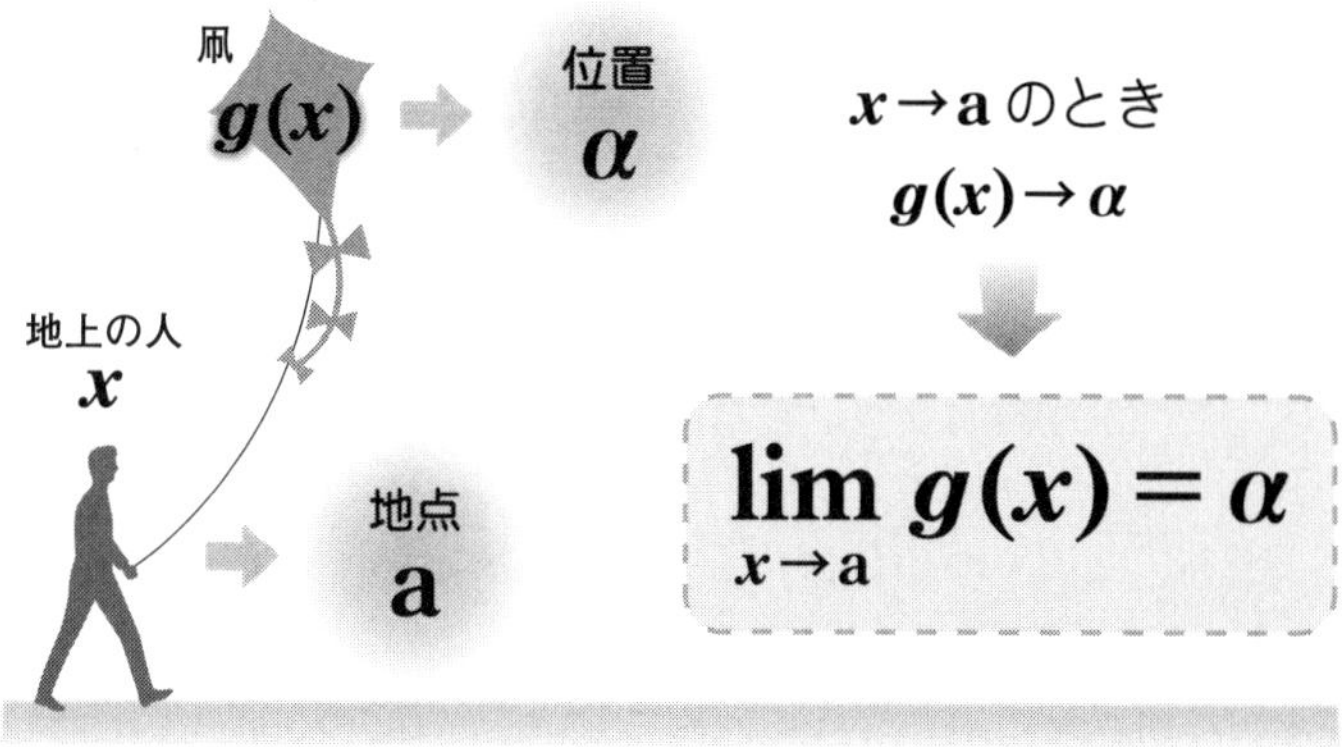

▲「極限」は難しい考え方ではないが、イメージしやすくするため、地上にいる人を x とし、その人が揚《あ》げている凧《たこ》を $g(x)$ として、「凧 $g(x)$ は、地上の人 x の関数だ」と考えてみよう。今、地上の人 x が a という地点に限りなく近づくと、凧 $g(x)$ は α という位置に限りなく近づくとする。このとき、α を $g(x)$ の「極限値」という。このことは、上図の右のように表記される。

イプシロン・デルタ論法

とはいえ、「とても役に立つ」ということで、微分積分は多くの数学者や自然科学者に受け入れられ、洗練されていきました。

そして19世紀、フランスの数学者**オーギュスタン＝ルイ・コーシー**（1789～1857年）は、**微分積分の厳密化**に成功します。

彼は、「限りなく」とか「近づける」といったあいまいな概念を使わず、純粋に代数的な証明によって極限を定義したのです。

その方法は、**イプシロン・デルタ論法**と呼ばれます。

▲ コーシー。

Mathematics in early modern Europe

無限に分割される複利計算の行方は？

ネイピア数の発見

複利計算から見つかった数

1685年、スイスの数学者**ヤーコブ・ベルヌーイ**（1654～1705年）が、面白い数を発見しました。**ネイピア数**（55ページ参照）です。**ライプニッツ**と交流して教えを受け、**微分積分**の発展にも貢献した俊英ベルヌーイは、そのとき、**複利《ふくり》計算**について数学的に研究していました。

▲ベルヌーイ。

複利計算とは、預金を計算するとき、前の期間に生じた利息を元金《がんきん》に組み込み、「利息分だけ増えた預金」をもとに次の利息を発生させる計算方法です。

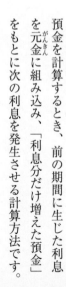

分割したほうがお得

たとえば、「1年間お金を預けてくれたら、100パーセントの利息をつけます」というとんでもなく太っ腹な銀行があり、そこに1億円預けるとしましょう。

その計算方法が、「1年後、そのときの預金額に対して、100パーセントの利息をつ

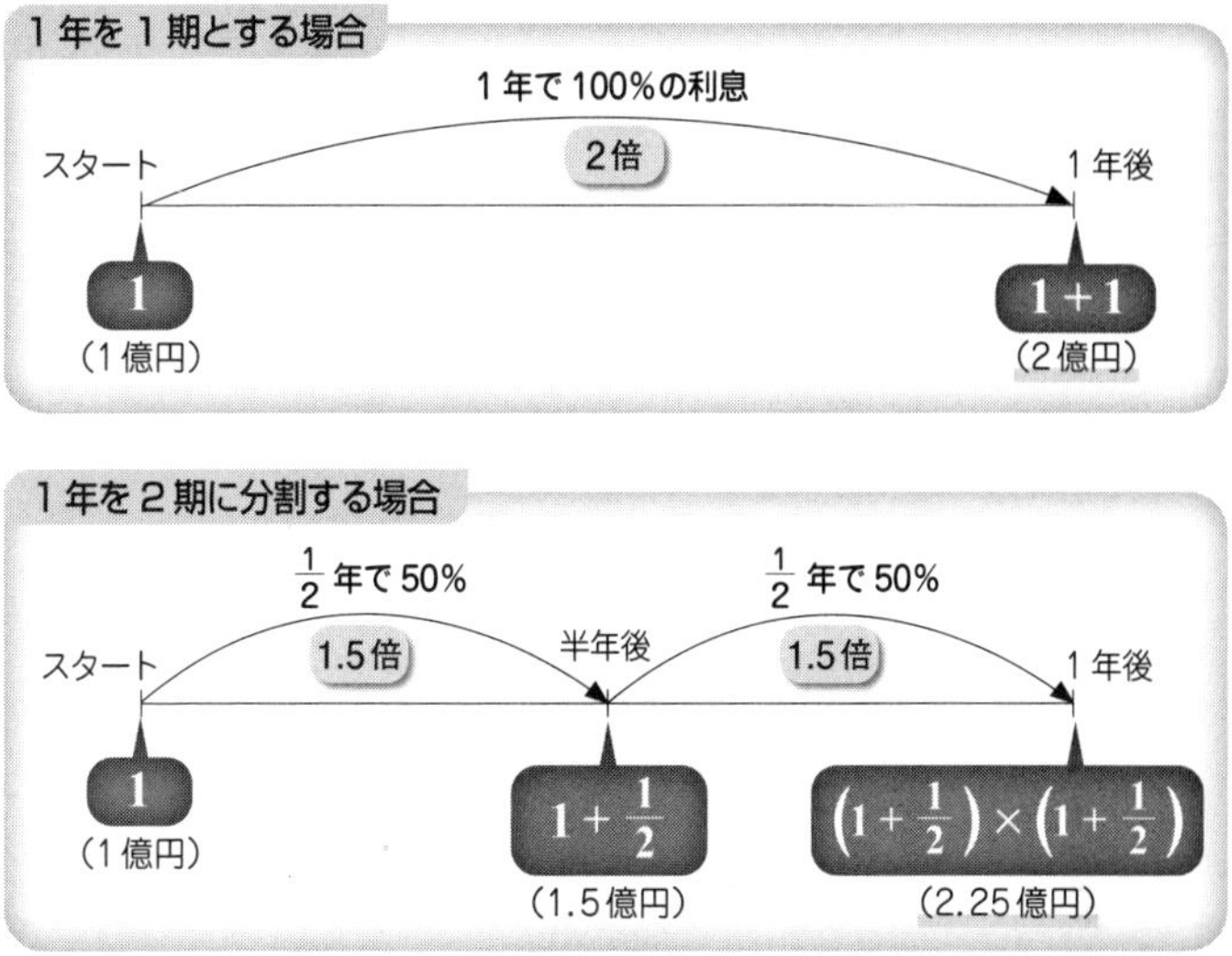

▲「複利計算」では、利息を発生させる期間の区切りを増やすと、最終的な利息の合計も大きくなりそうだ。

ける」というものなら、1年後、預金額は**2億円**になります。

しかし、1年を2期に分け、「半年後、そのときの預金額に対して50パーセントの利息をつけ、さらに半年後、そのときの預金額に対して50パーセントの利息をつける」というふうにするオプションがあったら、どうなるでしょうか。半年後に1・5倍の1億5000万円に増え、その半年後、1億5000万円がまた1・5倍になるのです。最終的に元金の2・25倍、**2億2500万円**になります。

どうも複利の場合、期間を細かく分割したほうが「お得」になりそうです。

それなら、**1年を限りなく細かく分割して、それぞれの短い期間で複利計算すると**、どうなるでしょうか？

元金を1とする　1回の期間でつく利息

極限

$$\lim_{n\to\infty}\left(1+\frac{1}{n}\right)^{n}$$

n回分の期間の複利

nを無限大に限りなく近づける

$$= 2.718281\cdots\cdots$$

nを大きくしていくとこの値に近づいていく

▲「1年で 100%の利息」の複利計算で、1年を限りなく細かく分割した場合の、1年後の預金額を、元金を 1として表した式。この式から導き出された数字が、「ネイピア数」である。「ネイピア数」に「e」の記号を当てたのは、第5章に登場するオイラー（124ページ参照）だ。

限りなく細かい分割の複利

1年をn回の期間に分割することを考えます。元金が1（100パーセント）なら、1回の期間に対して、$1/n$ の割合で利息がつきます。それをn回、複利でくり返しますから、n乗します。

そして、1年を限りなく細かく分割したいので、**nを無限大に限りなく近づけます。**ここで使うのが**極限**です（116ページ参照）。数式で表すと、上図のようになります。

ベルヌーイが計算したのはこの式です。結果、「2.718281……」という**循環しない無限小数**の値が出ました。1年を限りなく細かく分割しても、預金は3倍には達しないのです。

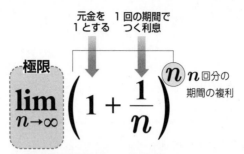

自然対数の底

右図の式から正しい値を導き出したのはベルヌーイですが、じつは17世紀の初頭、スコットランドの数学者**ジョン・ネイピア**（1550～1617年）が、これに相当する数に軽く言及していました。そのため、この数は「ネイピア数」と名づけられています。

ネイピアは、**対数**《たいすう》という数の考案者です。

▲ネイピア。

対数とは、「同じ数を何個分かけ合わせたか」を表す数で、いわば、**指数**（43ページ参照）を別の仕方で表現したものです。

たとえば、10という数を4乗すると、

$$10^4 = 10×10×10×10 = 10000$$

となります。このとき、「かけ合わされる数」である10を**底**、「かけ合わせる個数」である4を**指数**といいます。また、10を4乗した結果である10000は、**真数**《しんすう》と呼ばれます。

同じことを、対数を表す「log」の記号を使って書くと、こうなります。

$$4 = \log_{10} 10000$$

「なぜわざわざ別の式で書く必要があるんだ」と思う方もいらっしゃるでしょうが、対数には便利な計算規則があり、これを使うと、桁数の大きい計算も楽になるのです。

対数の中には、**自然対数**という特別な対数があります。そしてネイピア数は、その**自然対数の底**となっています。

COLUMN 04

日本の数学　和算

日本は古代から、**中国の文化の影響**を受けてきました。数学に関しても、まずは飛鳥時代から奈良時代にかけて、中国の高度な数学が日本に入ってきました。しかし、当時の日本には、それを十分に咀嚼《そしゃく》して発展させるだけの土壌はなかったようです。

室町時代末期から安土桃山時代にかけて、中国の元や明の数学が輸入され、**算盤**《そろばん》なども入ってきました。日本の数学が独自の発展を見せたのは、それ以降のことだとされます。**和算**《わさん》と呼ばれる日本独自の数学にたずさわった人として、最も時期が早いのは、明への留学経験もある**毛利重能**《もうりしげよし》（生没年不詳）。その弟子の中から、**吉田光由**《よしだみつよし》（1598～1673年）が登場しました。彼の書いた数学の入門書『**塵劫記**《じんこうき》』はベストセラーになりました。この本からは、答えをつけない問題（**遺題**《いだい》）を載せて読者に考えさせるという伝統が生まれました。

和算のレベルを爆発的に高めたのが、江戸時代前期の数学者**関孝和**《せきたかかず》（生年不詳～1708年）です。彼は、同時代の**ニュートン**や**ライプニッツ**にも引けを取らないほどの業績をあげています。

関孝和の偉業からは、**関流**《せきりゅう》と呼ばれる和算の流れが生まれ、すぐれた数学者が大勢輩出しました。江戸時代から明治初期にかけて、日本の数学のレベルはかなり高く、また、数学好きの人が多かったようです。

第5章

天才たちが築いた近代数学

01

Great mathematicians in modern times

まるで呼吸と同じように計算をした
数学の申し子オイラー

史上屈指の天才

スイス生まれの数学者**レオンハルト・オイラー**（1707~1783年）は、18世紀最高の数学者とされるだけでなく、数学史上でも屈指の天才です。

「人が息をするように、鳥が空を飛ぶように、オイラーは計算した」といわれる彼の業績は、挙げはじめるときりがありません。

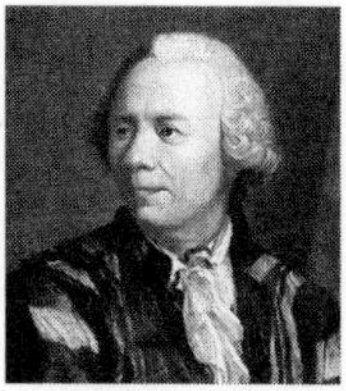
▲オイラー。

オイラーは**解析学**においては、**関数**の概念を整備しています。これは**微分積分**の発展に大きく貢献しました。

関数とは、**数と数との関係**のことです（20ページ参照）。自然現象の分析からテクノロジーまで、あらゆるところで利用されています。さまざまな種類の関数の中から、高校でも習う代表的なものを見てみましょう。

指数関数

次のような形の関数を**指数関数**《しすうかんすう》といいます。

指数関数

$$y=a^x \quad (a>0,\ a\neq 1)$$

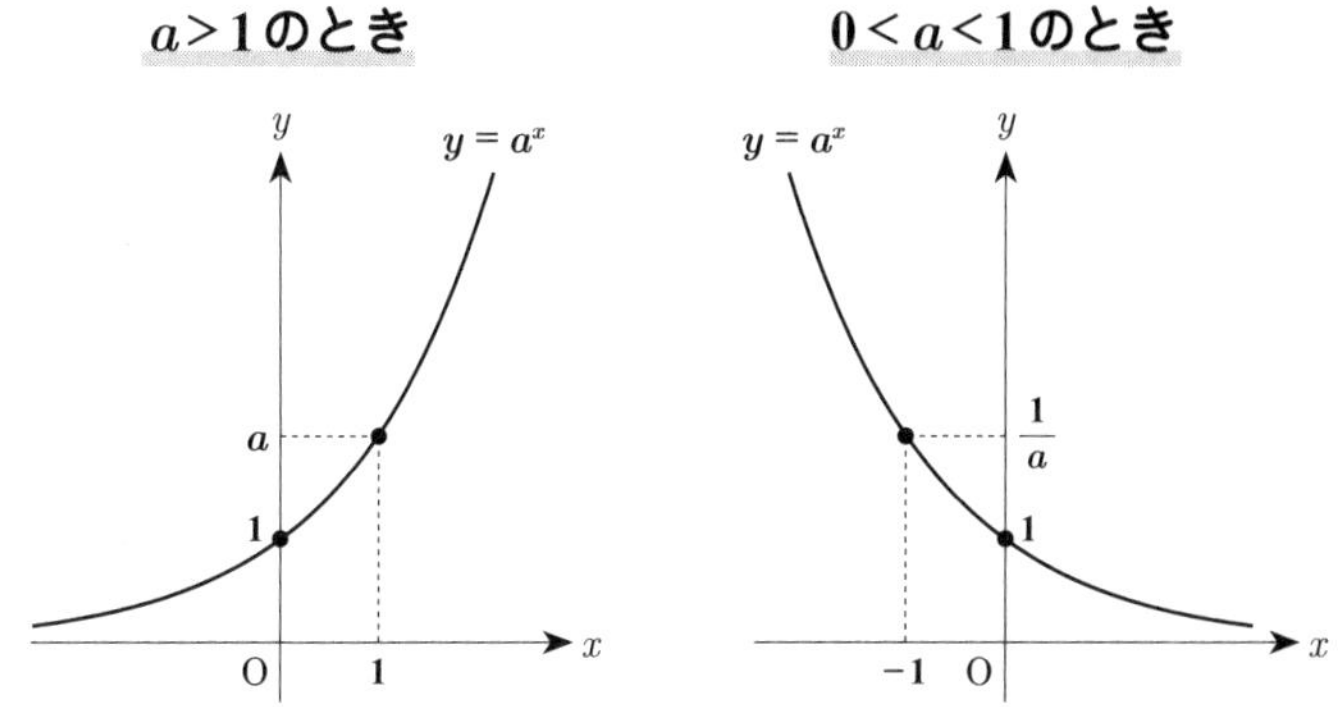

▲「指数関数」の公式とグラフ。

$y=a^x$（ただしaは1でない正の定数）

この数式を言葉として読むと、「ある決まった数aがあり、これをx乗すると、yになる」という関係を読み取ることができます。

たとえば、aを2として「$y=2^x$」という指数関数を考えると、2の右肩に乗る**指数**xが**変数**になっていて、「xが1のときはyは2」「xが2のときはyは4」と、xの値に対応するyの値が決まります。

指数関数のグラフは上図のようになります。「**一度にa倍に増えるものが、次はさらにa倍になる**」といった意味をもち、たとえば生物の個体数の増加など、**さまざまな自然現象の説明に応用できます**。

オイラーは、**ベルヌーイ**の**ネイピア数**の式（120ページ参照）を発展させ、指数関数

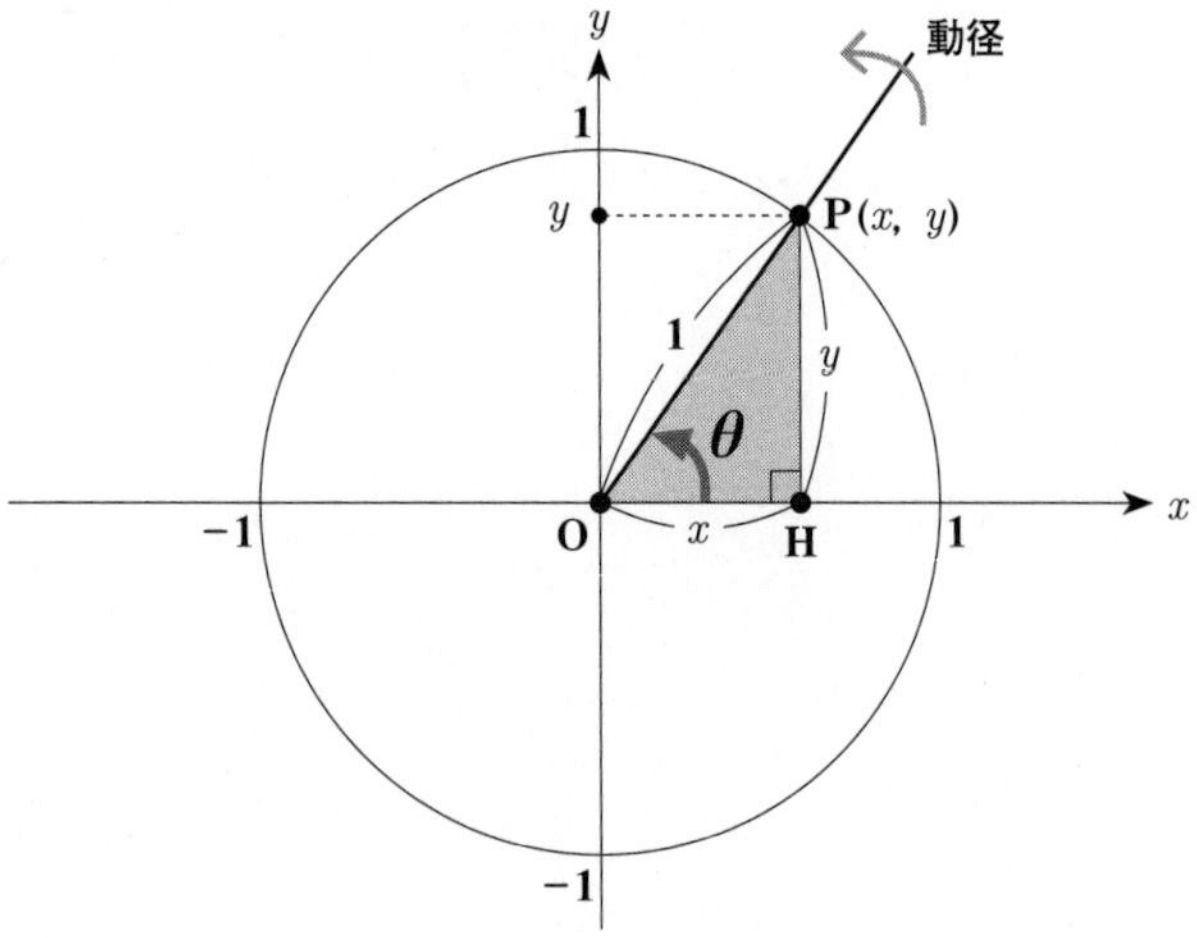

▲「三角関数」は、「角度」についての関数である。角度について考えるため、座標平面上に、角度 θ だけ回転した「動径」と、「単位円」を設定し、直角三角形 OPH を作る。

として定義しました。

▼三角関数

次に、やはりオイラーが定義に貢献した**三《さん》角《かく》関《かん》数《すう》**を見てみます。「三角形についての関数かな」と思わせる名前ですが、**角度についての関数**だと考えたほうが本質をつかめます。

上図のように、x 軸と y 軸の交わる**原点《げんてん》O**を中心として、x 軸の正の部分Ox方向から**θ（シータ）**という角度だけ回転した半直線（**動径《どうけい》**といいます）を引きます。この角度θが、**三角関数の主役になる変数**です。

このθについて考えるために、原点Oを中心に、半径1の円（**単位円《たんいえん》**）を描きます。

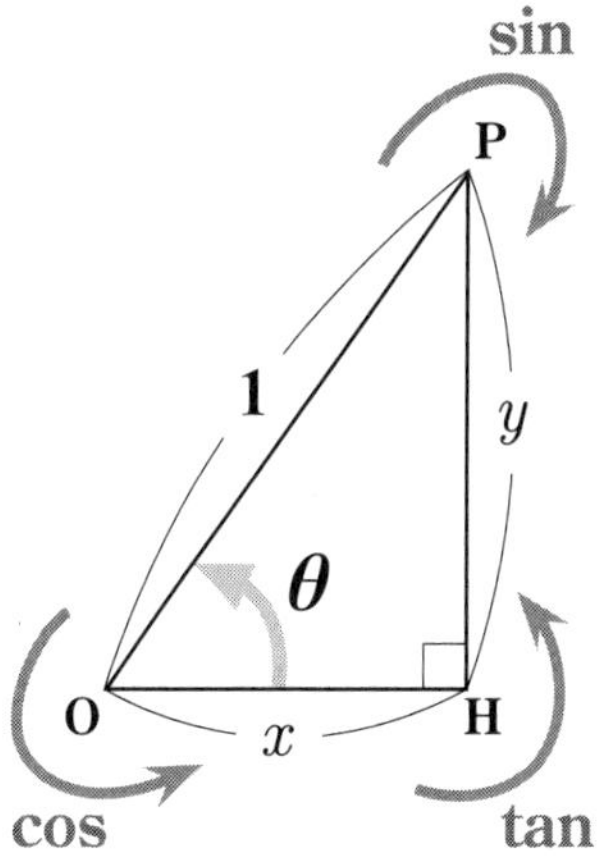

直角三角形**OPH**における３辺の比を次のように定める。

$$\sin\theta = \frac{PH}{OP} = \frac{y}{1} = y$$

$$\cos\theta = \frac{OH}{PO} = \frac{x}{1} = x$$

$$\tan\theta = \frac{HP}{OH} = \frac{y}{x}$$

▲これは、「2辺OPとPHの比を、sin θと呼ぶことにする」「2辺POとOHの比を、cos θと呼ぶことにする」「2辺OHとHPの比を、tan θと呼ぶことにする」という「定義」である。これらの「比」を「三角比」という。

この単位円と動径との交点をPとし、Pのx座標をx、y座標をyとします。また、点Pからx軸に垂線を下ろし、x軸との交点をHとします。こうして、角度θを中心に、直角三角形ＯＰＨができました。

この直角三角形の3つの辺の間で、上図のような3組の比を考えます。これらの比はそれぞれ、θの**正弦**《せいげん》（**サイン**、sin）、**余弦**《よげん》（**コサイン**、cos）、**正接**《せいせつ》（**タンジェント**、tan）と名前がつけられています。そしてこれらの比は、**三角比**《さんかくひ》と総称されます。

sinθとcosθとtanθは直角三角形ＯＰＨの辺の比ですが、同時に、変数θ（角度）の変化に応じて値が変わる関数でもあります。**角度θの関数**として見られたとき、sinθとcosθとtanθは「三角関数」と呼ばれます。

Great mathematicians in modern times

02

数学の秘密が凝縮された人類の至宝

世界一美しい数式

オイラーの公式

指数関数も三角関数も、**オイラー**とつながりの浅からぬものではありますが、このふたつを特に取り上げたのには理由があります。オイラーが発見したとされる、「**世界一美しい数式**」を紹介したいのです。

まずは下図の式を見てください。**オイラーの公式**と呼ばれるものです。

左辺は**指数関数**の形になっていて、まず**ネイピア数**e（118ページ参照）が登場しています。**ベルヌーイ**が発見したこの数を、

▼「オイラーの公式」。「複素数」の世界の中で、「指数関数」と「三角関数」が密接につながっていることが、この式から読み取れる。この式自体、とてもシンプルで美しいものである。

ネイピア数

虚数単位

角度

虚数単位

$$e^{i\theta} = \cos\theta + i\sin\theta$$

指数関数　　三角関数

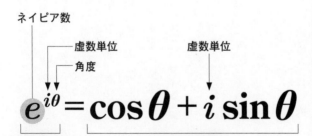

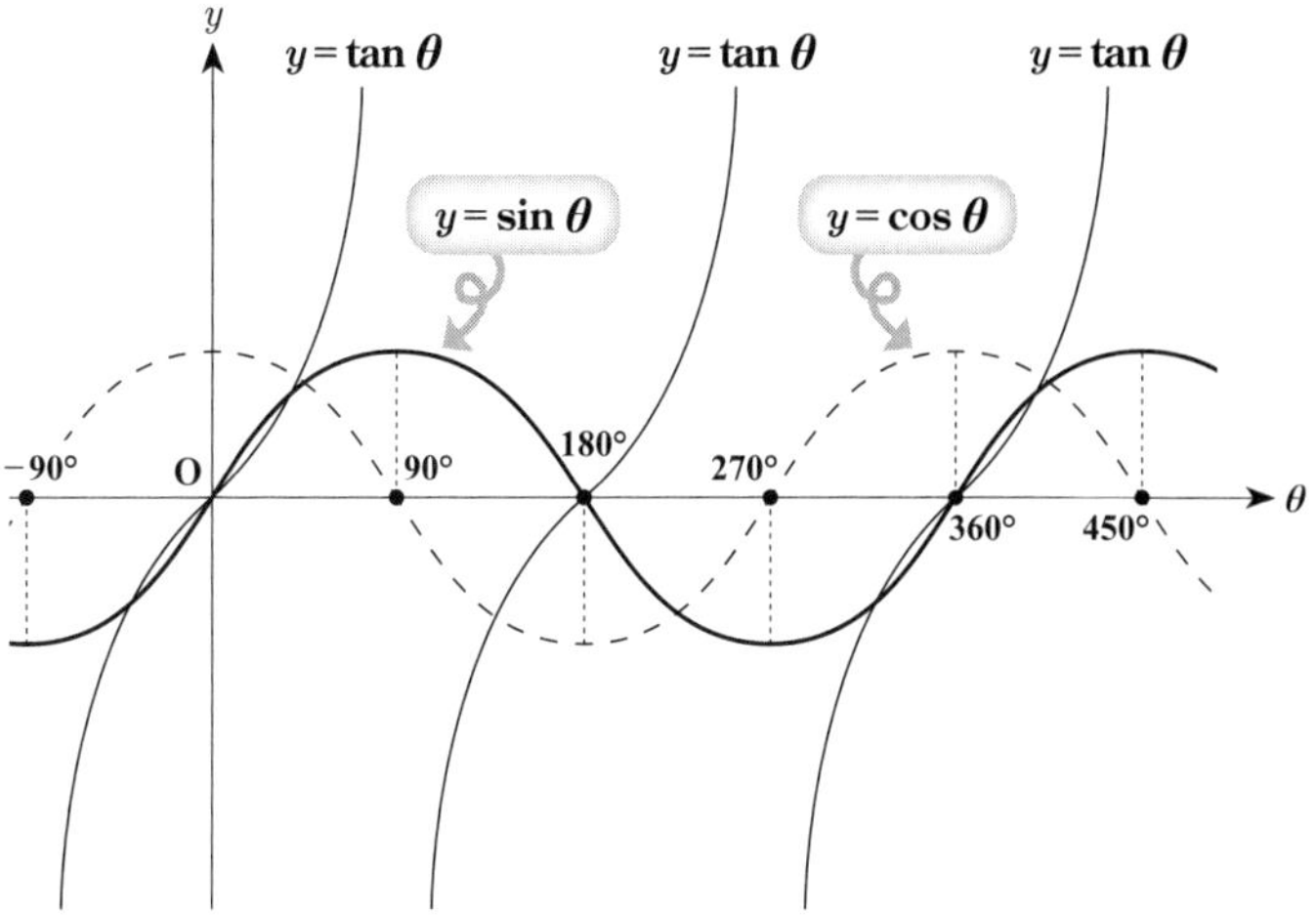

▲「三角関数」のグラフ。$y = \sin\theta$ と $y = \cos\theta$ のグラフは、周期をもつ波のような形であり、さまざまな自然現象や人間の営みを表現することに利用される。

eの文字で表すように定めたのは、ほかならぬオイラーです。

eの右肩には、角度θとともに、**虚数単位** i（48ページ参照）が乗っています。「2乗すると-1になる数」をiで表し、積極的に使うようにしたのもオイラーです。

右辺は**三角関数**です。ここにもiが出てきています。

指数関数と三角関数のつながり

このオイラーの公式は、たいへん興味深いものです。この式が示すのは、「指数関数と三角関数は、まったく別のものに見えるけれども、iの仲立ちによってイコールでつながる」ということです。実数しか見えない私たちの目にはそのつながりは映りませんが、**虚数まで含んだ複素数の世界では、指数関数と三角関数はリンクしている**とわかるのです。

しかしじつは、この深遠なオイラーの公式は、「世界一美しい数式」ではありません。

オイラーの等式

この公式の、角度を表すθのところに、**π**という値を代入してみます。πは円周率ですが、**弧度法**《こどほう》という角度の表し方では、180度に相当する角度になります。

前ページの三角関数のグラフを見ると、θが180度のとき、$\cos\theta$の値は-1で、$\sin\theta$の値は0だとわかります。

ですから、左図のように式が変形されます。

こうしてできた式は、**オイラーの等式**と呼ばれます。ちょっと名前がややこしいですが、オイラーの「公式」という一般的な式があって、その式で角度θの値をπという具体的なものにしたときに、特別なオイラーの「等式」ができるのです。

そしてこのオイラーの等式こそが、「世界一美しい数式」です。

美しすぎる秘密

この式には、数学の世界のさまざまな分野の大事なところが、信じられないほどシンプ

オイラーの公式　$e^{i\theta}=\cos\theta+i\sin\theta$

$\theta=\pi$ を代入

$$e^{i\pi}=\underbrace{\cos\pi}_{=-1}+\underbrace{i\sin\theta}_{=0}$$

$$e^{i\pi}=-1$$

代数学　幾何学

オイラーの等式　$e^{i\pi}+1=0$

解析学

▲「オイラーの公式」に「$\theta=\pi$」を代入すると、「オイラーの等式」が得られる。これこそが、「世界一美しい数式」であり、数学の世界の不思議な調和を示している。

ルな形で統合されています。

e は、**極限**（116ページ参照）の操作によって得られた数であり、**微分積分**によく使われます。ですから、**解析学**を代表するような数です。

i は、**方程式**を解くときに必要になって作られた、**代数学**的な数です。π は円周率ですから、**幾何学**的な数だといえます。

解析学、代数学、幾何学という**数学の三大分野のそれぞれで作られ、使われている数が、一堂に会《かい》しているの**です。しかも、e も π も**無理数**なのに、こんな形で組み合わせると、整数の値になっています。

数の世界の奥に、こんなにも美しい秘密のつながりがあったなんて、考えれば考えるほど、驚くべきことではないでしょうか。

03

Great mathematicians in modern times

さまざまな関数を三角関数に分解

フーリエ解析

フーリエのアイデア

18世紀に**産業革命**が起こり、**蒸気機関**が活躍すると、19世紀には熱に関する物理学的な研究である**熱力学**が盛んになりました。そんな中、フランスの数学者・物理学者の**ジョセフ・フーリエ**（1768~1830年）は、熱力学に出てくる**熱伝導方程式**《ねつでんどうほうていしき》というものの研究から、次のようなアイデアを得ます。

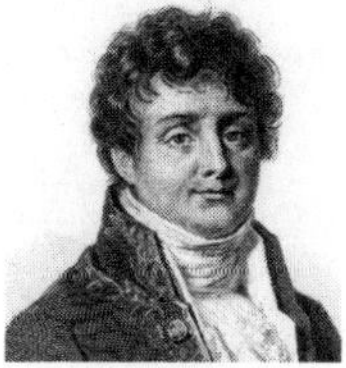
▲フーリエ。

「さまざまな関数は、三角関数の足し合わせによって表現できる」

このアイデアは、**フーリエ解析**という強力な数学的手法になり、現代のテクノロジーを支えることになります。

三角関数と波

129ページに載せた三角関数のグラフを見てください。$y = \sin\theta$ と $y = \cos\theta$ のグラフは、**波のような形**になっています。角度とそのサインやコサインとの関係は、グラフ上で

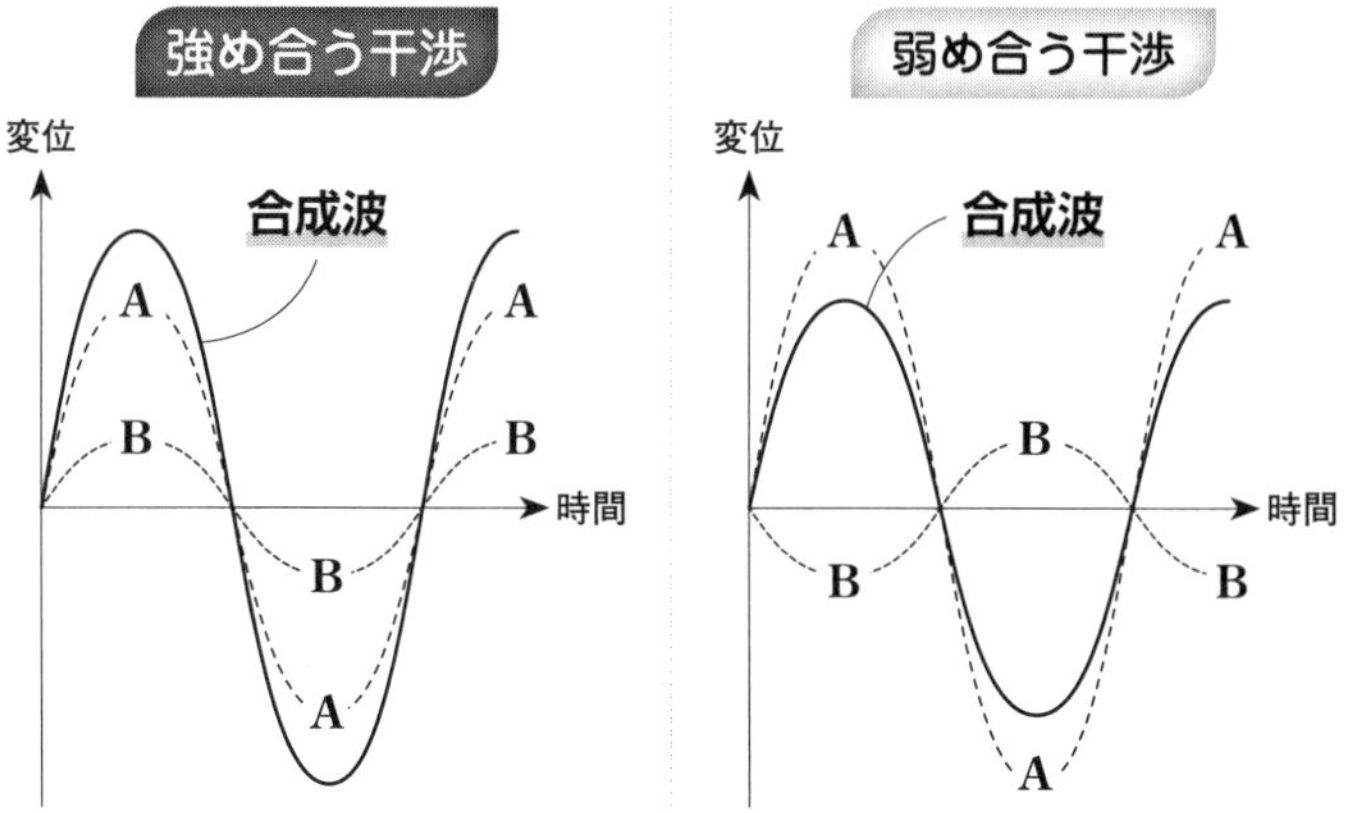

▲波の「干渉」。上がった部分どうし、下がった部分どうしが重なり合うような場合、合成された波は大きくなる（強め合う干渉）。逆に、上がった部分と下がった部分が重なり合うと、合成された波は小さくなる（弱め合う干渉）。上図は周期が同じ波どうしの干渉だが、周期が異なる波どうしで干渉が起こると、「合成波」の波形はもっと複雑になる。

は波として表されるのです。

ところで、お風呂などで2か所で同時に水をまぜると、それぞれから波が広がり、ぶつかるところで複雑な波形に変わります。このように、複数の波が重なり合い、新しい**合成《ごうせい》波《は》**が生じることを、波の**干渉《かんしょう》**といいます。

さて、ここからがフーリエの天才的なアイデアです。

波を重ね合わせると、干渉で波の形が変わるのなら、逆に**いろいろな形を**、**「波の重ね合わせ」としてとらえられる**のではないか。

そして、グラフ的に波になるのは三角関数なのだから、複雑な関数のグラフでも、三角関数の波を合成して作れるのではないか。

それは、「**ある関数を、複数の三角関数の足し合わせとして表現できる**」ということを

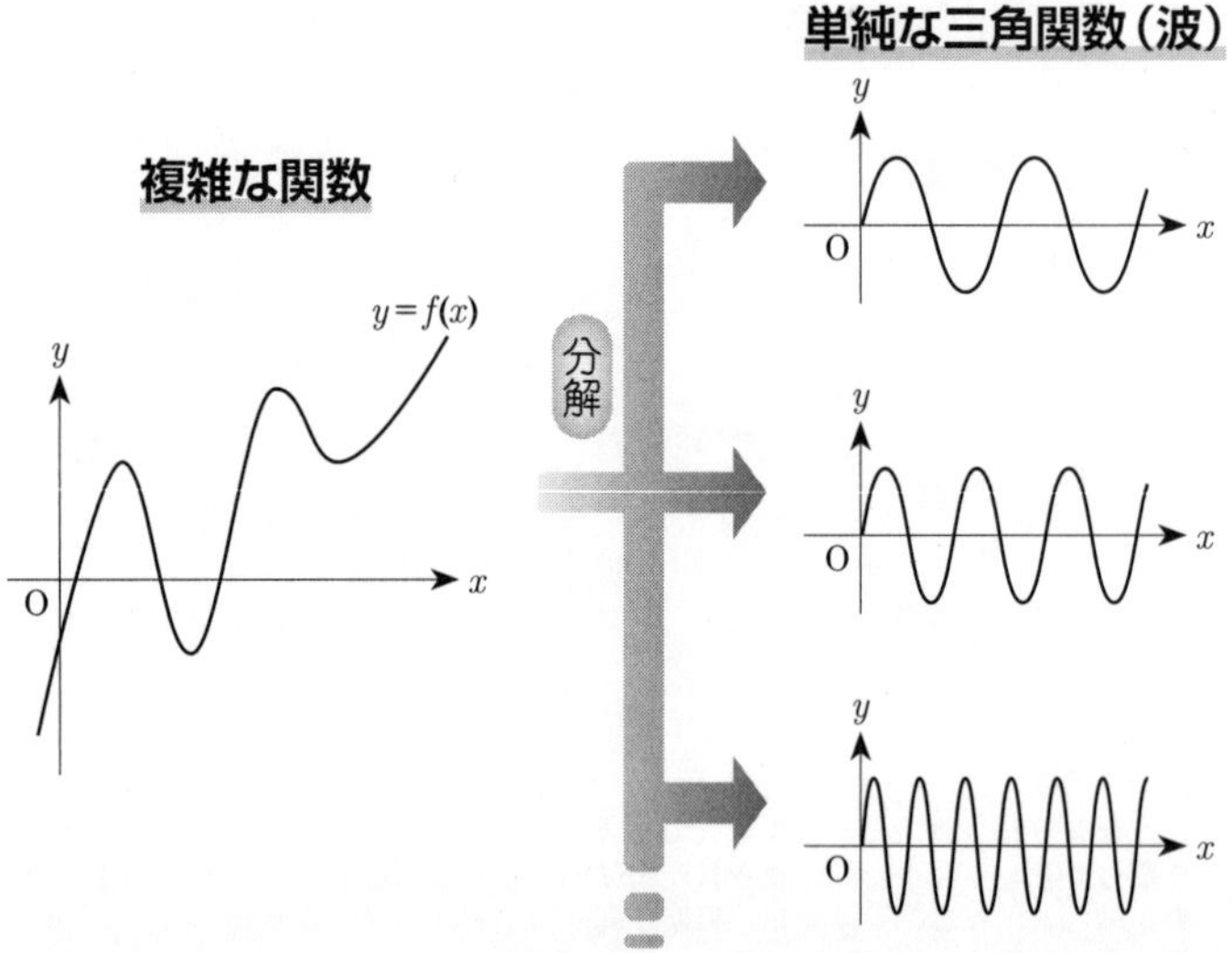

▲複雑な関数のグラフは、単純な波(三角関数のグラフ)の足し合わせで作ることができる。逆にいうと、複雑な関数を、単純な三角関数に分解することが可能である。なお、上図では角度を θ ではなく x の文字で表しているが、本質的な違いはないので、気にしないでいただきたい。

意味します。フーリエは、三角関数と関係のない関数であっても、複数の三角関数に分解できる方法を考案しました。**複雑な関数を、単純な三角関数へと分解して調べる**フーリエ解析は、非常に便利です。音や光をはじめ、この世界には波として現れるものが多く、そのような現象とフーリエ解析は相性がよいのです。

グラフが同じ波形のくり返しになる**周《しゅう》期関数《きかんすう》**と呼ばれるような関数の場合、**フーリエ級数展開《きゅうすうてんかい》**という手法で、三角関数の和として表現されます。

くり返しではない**非周期関数《ひしゅうきかんすう》**の場合は、「足し合わせ」といっても和ではなく積分になり、これを**フーリエ変換**といいます(左図参照)。

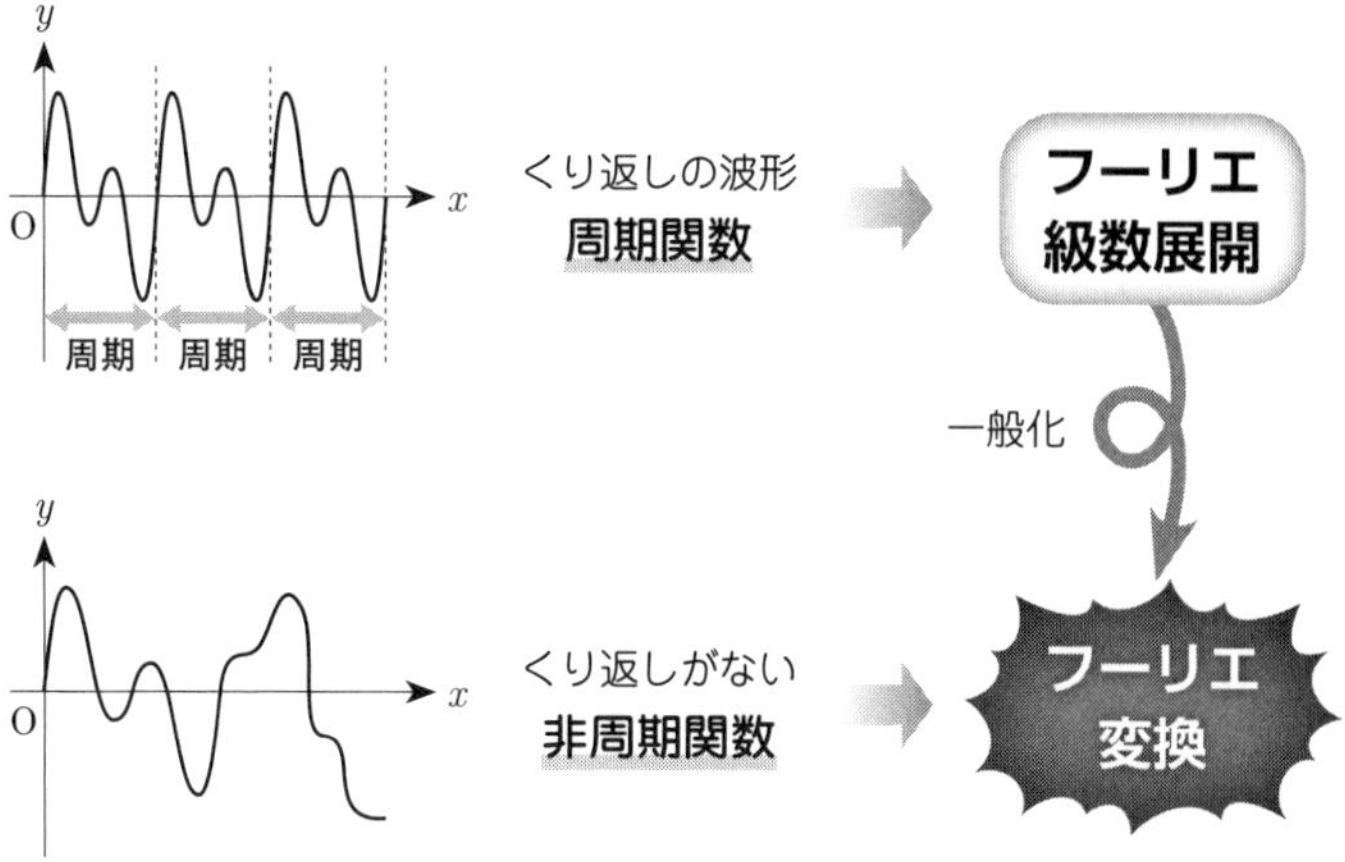

▲くり返しの波形をもつ「周期関数」は、和の形の「フーリエ級数展開」で表せる。
くり返しがない「非周期関数」は、積分の形の「フーリエ変換」で表現される。

現代の活用例

フーリエ解析は、現代でもあらゆる分野で大活躍しています。

その例として、**IT（情報技術）**における**データ圧縮**を紹介しましょう。たとえば音声を普通にデータ化すると、膨大なデータ量になり、保存や通信に不便です。

しかし、フーリエ解析によって、音声の複雑な波を単純な波（三角関数）へと分解したうえで、人間には聞こえないような部分をまとめてカットすると、データを軽くすることができます。

これが、フーリエ解析による音声データ圧縮の基本的な発想です。

04

Great mathematicians in modern times

複素数を目に見えるようにした
数学の王ガウス

▼複素平面

18世紀最高の数学者が**オイラー**（124ページ参照）なら、19世紀最高の数学者は、ドイツの**カール・フリードリヒ・ガウス**（1777〜1855年）でしょう。

「数学の王」とも称されるガウスは、やはり業績があまりに多すぎて、とても紹介しきれませんが、ここではふたつの大きな事柄を取り上げたいと思います。

▲ガウス。

ひとつは、**複素数**の扱いです。**虚数**はオイラーによって積極的に用いられるようになっていましたが（129ページ参照）、ガウスはこの虚数を、実数とともに複素数を構成するものとしてとらえました。

そのとらえ方がひと目でわかるのが、ガウスが19世紀初頭に考案した**複《ふく》素《そ》平《へい》面《めん》**です。左図のように、実数を表す横向きの数直線（実軸）と垂直に、虚数を表す上向きの数直線（虚軸）を引いて、一種の座標平面を作ります。すべての複素数が、この平面上の点として表され、扱いがとても便利です。

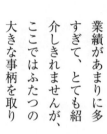

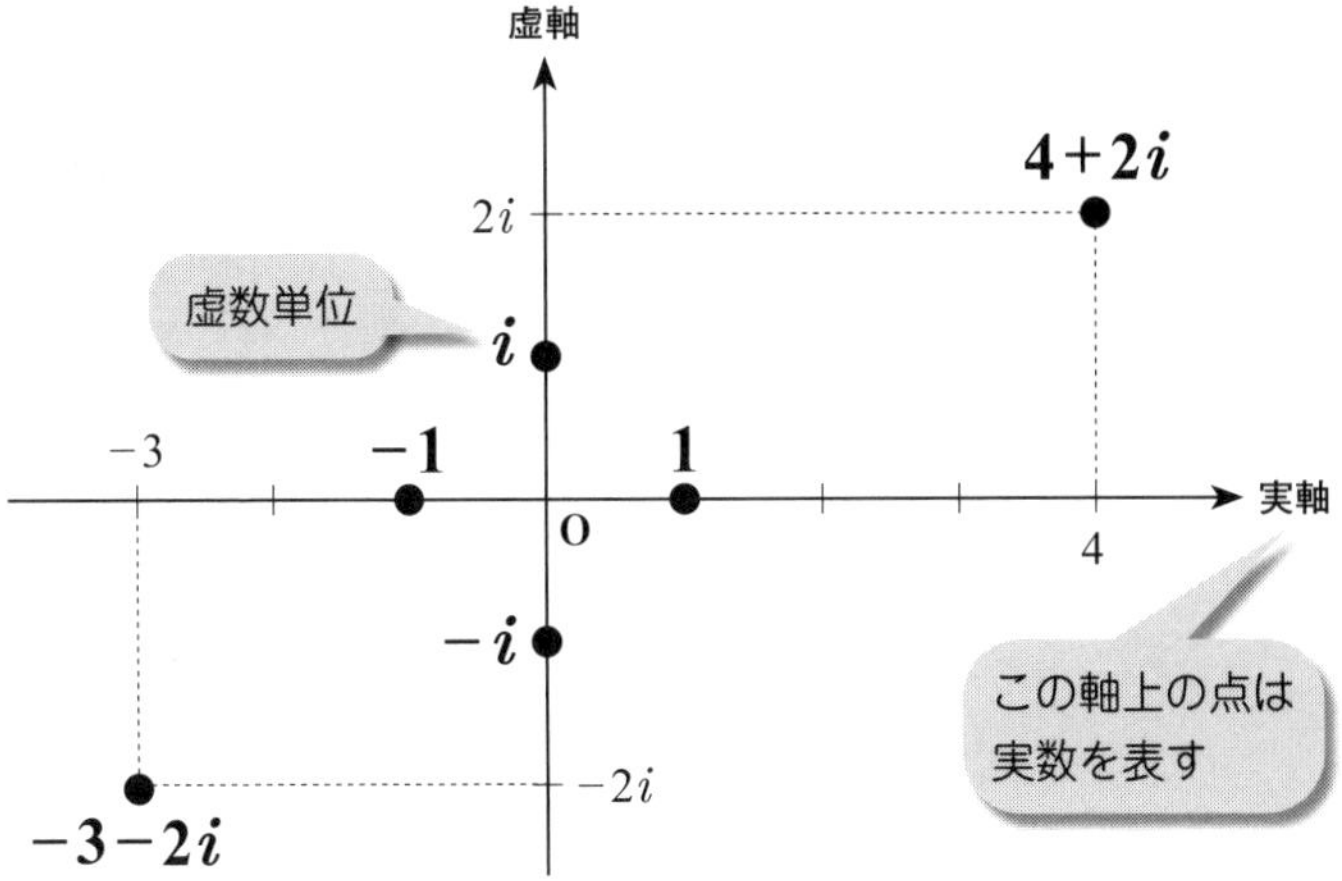

▲ガウスが考案した「複素平面」。デンマークの測量技師カスパー・ヴェッセル（1745 ～ 1818 年）と、フランスの会計士ジャン・ロベール・アルガン（1768 ～ 1822 年）も、同時期に同様のアイデアに至っていた。

代数学の基本定理

もうひとつ紹介したいのは、**代数学の基本定理**の証明です。

代数学の基本定理とは、方程式に関する重要な法則であり、思いきって単純化していうと、「**n次方程式は（複素数の範囲で）必ずn個の解をもつ**」という内容です。たとえば1次方程式の解はひとつ。2次方程式は、**重解**《じゅうかい》（複数の解が重なる）の場合もありますが、複素数の範囲でふたつ解をもちます。

これに相当する主張は17世紀から存在しましたが、ガウスは1799年に斬新な証明を示したのち、自ら構築した複素数の概念を駆使して、証明をアップデートしていきました。

05

Great mathematicians in modern times

「曲がった面の幾何学」がありうる！

非ユークリッド幾何学の産声

▼ユークリッドの第5公準

第3章で、古代ギリシアに生まれた**ユークリッド幾何学**を紹介しました（74ページ参照）。これはとても完成度の高いものであり、宇宙の真理だとみなされつづけていました。

しかし、**ユークリッド**の『**原論**』の内容が、すべて鵜《う》呑《の》みにされていたわけではありません。特に数学者たちから注目されたのは、幾何学の前提とされる**公準**（76ページ参照）の中の、**第5公準**でした。

これは、「**直線 l の上にない点Pを通って l に平行な直線はただ1本引ける**」という内容で、**平行線公準**《へいこうせんこうじゅん》とも呼ばれます。

ほかの4つの公準は「点と点を結ぶ線が引ける」「線分を延ばせる」「円を描ける」「すべての直角は等しい」と非常に単純であるのに対して、第5公準は何だか複雑に見えます。

特に17世紀以降、「こんなに複雑なことを、証明なしで前提にしなければならないというのは、おかしいんじゃないか」と、多くの数学者が疑問をもちました。

そして、「きっと、第1～第4公準を組み合わせれば、第5公準を証明できるに違いない」と考え、その証明に挑んだのです。

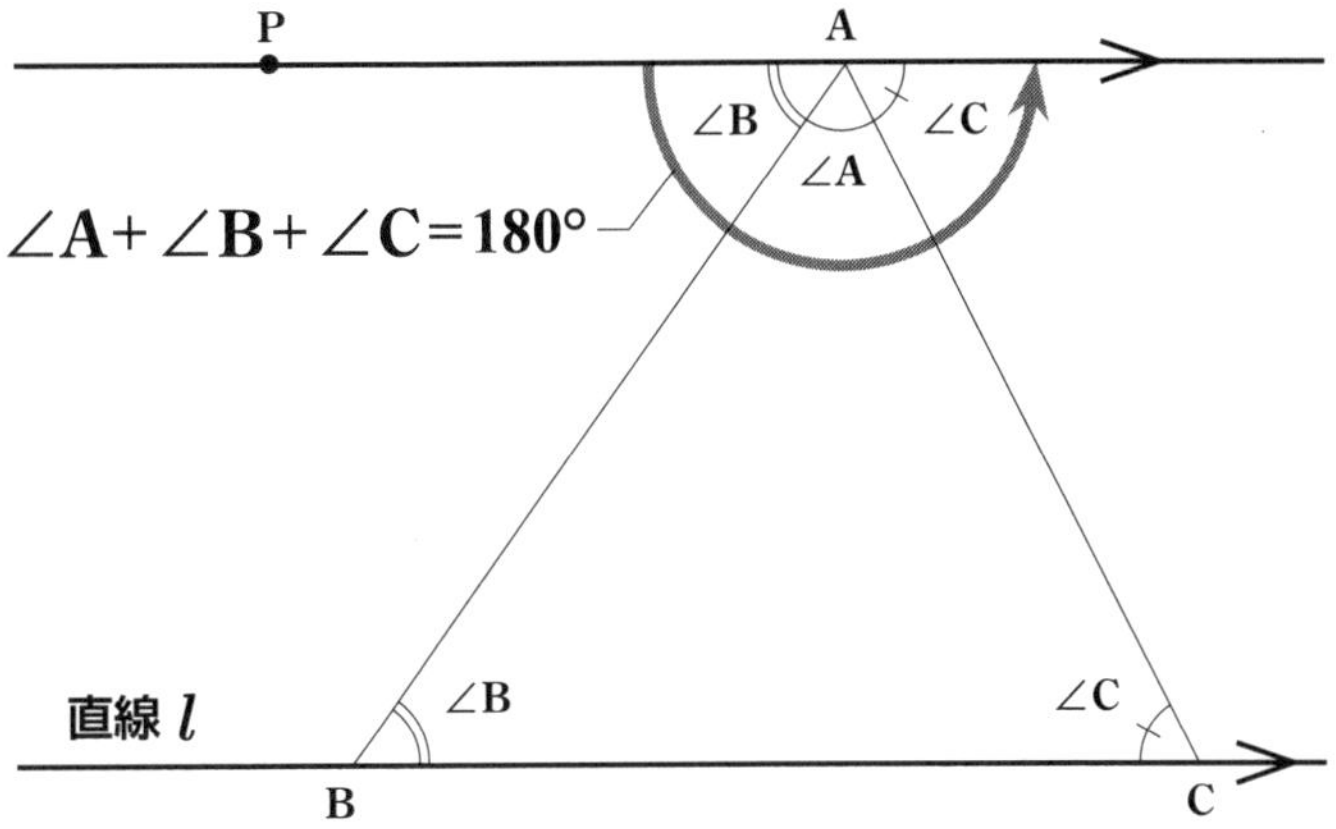

▲ユークリッド『原論』の第５公準は、「直線 l の上にない点Ｐを通って l に平行な直線は１本だけ」という内容。また、これをもとにすると、三角形の内角の和が 180°であること（18 ページ参照）が、上図のように簡単に確かめられる。

新しい幾何学理論の可能性

若き日の**ガウス**もこの問題に取り組みました。しかし彼は、天才であったがゆえに、**その証明が不可能である**ことに気づきます。

それだけではありません。ガウスは次のように考えました。

「第1～第4公準を使って第5公準を証明することはできない」ということは、「**第5公準は、第1～第4公準から独立している**」、つまり、関係ないということです。

それならば、「**第5公準を否定するような別の公準**」**にもとづく新しい幾何学理論**を作っても、第1～第4公準に抵触せず、矛盾のない幾何学システムを構築できるはずです。

発見者たち

つまり、ユークリッド幾何学は、「この世にありうる唯一の幾何学」ではなかったのです。**第5公準を別の公準に変えて、別の幾何学を考えることができる**とわかったのです。

ガウスは、この発見を公表しませんでした。数学者も含め、世界中の人たちがユークリッド幾何学しか知らないのですから、「別の幾何学が可能だ」などといっても理解してもらえないだろうし、自分の立場があやうくなりかねないと思ったのです。

しかし驚くべきことに、ほぼ同時期、ふたりの人物がそれぞれ独立に同じ結論を得ていました。ロシアの数学者**ニコライ・ロバチェフスキー**（1792～1856年）と、ハンガリーの数学者**ボーヤイ・ヤーノシュ**（1802～1860年）で、ボーヤイはガウスの友人の息子でした。

▲ロバチェフスキー。

▲ボーヤイ。

彼らの研究は1830年前後に発表され、それを知ったガウスは大喜びしました。ただ、ガウスから「自分も同じことを前から考えていた」といわれたボーヤイは「自分の成果を奪おうとしているのではないか」と考え、心のバランスを失ってしまったといいます。

▲私たちは日常生活では、自分たちの立っている地面を「まっすぐな面」だと思っているが、実際は地球は球形なので、足もとは「曲がった面」である。

非ユークリッド幾何学

ともあれ、ガウスらの発見は、幾何学に新しい可能性を開きました。**非ユークリッド幾何学**です。

ユークリッド幾何学がいわば「まっすぐな平面や空間の幾何学」であるのに対し、非ユークリッド幾何学は**「曲がった面や空間の幾何学」**だといえます。

「曲がった面や空間」をイメージするのは、じつは難しくはありません。私たちは、「まっすぐな地面」の上で暮らしているつもりでいますが、本当は地球という球体の「曲がった地面」の上で生きています。「まっすぐ」でなくても、何の問題もないのです。

06

Great mathematicians in modern times

非ユークリッド幾何学を高度に一般化した

リーマン幾何学の成立

曲率と幾何学

空間の曲がり具合を表す、**曲率**《きょくりつ》という値があります。

第5公準「**直線lの上にない点Pを通ってlに平行な直線はただ1本引ける**」を前提にする**ユークリッド幾何学**は、**曲率が0**の幾何学です。左図の中段のような、まっすぐな平面の幾何学だといえます。

ロバチェフスキーやボーヤイが考えたのは、「**直線lの上にない点Pを通ってlに平行な直線は、2本以上存在する**」ということを前提とした幾何学です。それは、左図の下段のような馬の鞍《くら》型の面の幾何学であり、あらゆる場所で**曲率が負**になります。このような幾何学を、**双曲**《そうきょく》**幾**《き》**何学**《かがく》といいます。

非ユークリッド幾何学としてはほかにも、「**直線lの上にない点Pを通ってlに平行な直線は、1本も引けない**」ということを公準とするものを考えられます。つまり、平行線を引こうとしても、必ず交わってしまうわけです。それは、左図の上段のような球面上の幾何学であり、あらゆる場所で**曲率が正**になります。このような幾何学は、**楕円**《だえん》**幾**《き》**何学**《かがく》と呼ばれます。

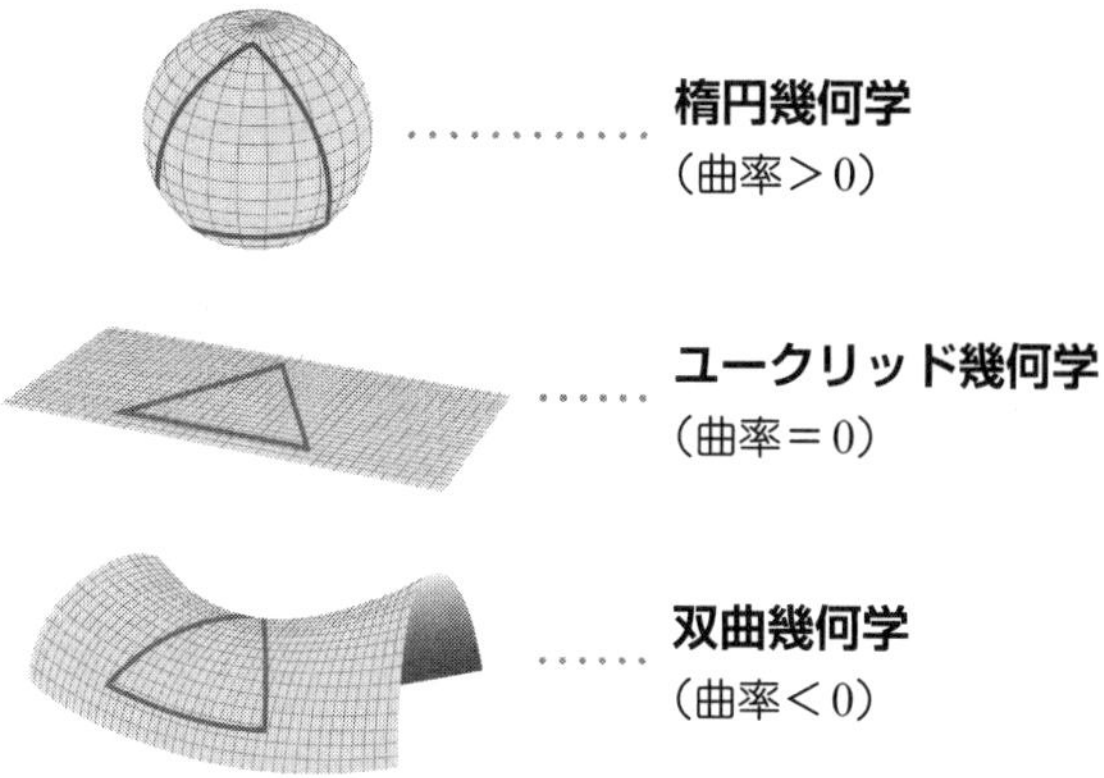

▲「ユークリッド幾何学」は、「曲がっていない平面（や空間）」を前提にした、「特殊な」幾何学のひとつでしかない。平面（や空間）の曲がりは、「曲率」という値で表され、ユークリッド幾何学の曲率は0である。ユークリッド幾何学以外にも、プラスの曲率をもつ「楕円幾何学」や、マイナスの曲率をもつ「双曲幾何学」など、さまざまな「非ユークリッド幾何学」が存在する。たとえば、三角形の内角の和は、ユークリッド幾何学では180°になるが、楕円幾何学では180°より大きくなり、双曲幾何学では180°より小さくなる。

リーマンによる一般化

ドイツの天才数学者**ベルンハルト・リーマン**（1826～1866年）は、非ユークリッド幾何学を発展的に継承して、**リーマン幾何学**を創始しました。

リーマン幾何学は、もはや「平行線が何本引けるか」といったことにこだわらず、曲率を抽象的に扱います。そのため、曲率が場所ごとに変わるような面にも対応できるのです。

リーマン幾何学は、**非ユークリッド幾何学をさらに高度に一般化した幾何学**だといえます。

▲リーマン。

07

Great mathematicians in modern times

5次以上の方程式に解の公式はあるか？

アーベルと方程式の解

古代からの「宿題」

19世紀は、**古代からの「宿題」に結論が出されることによって、数学が爆発的進歩を遂げた時代**だといえます。幾何学の分野では、ユークリッド幾何学の第5公準が証明できないことがわかり、**非ユークリッド幾何学**が誕生しました。**代数学**の分野でも、大きな動きがあります。

代数学の「宿題」とは、**方程式の解の公式**です。古代バビロニアですでに、**2次方程式の解の公式**が発見されていました（59ページ

▼「代数的な解の公式」の考え方。アーベルが証明した定理について、「5次以上の方程式は解けない」や「5次以上の方程式には解の公式がない」といった説明を目にすることがあるが、5次以上の方程式も解けることはあるし、「代数的」ではない解の公式を作ることも考えられる。

n次方程式

xがn次

$$a_n x^n + a_{n-1} x^{n-1} + \cdots + a_1 x + a_0 = 0$$

係数　係数　係数　定数項

↓

代数的な解の公式

方程式の係数をもとに，代数的な操作だけをくり返して解を求める公式

四則演算 と 累乗根

$+ - \times \div$　$\sqrt[n]{\ }$

参照）。その3000年後、16世紀にやっと、**3次方程式と4次方程式の代数的な解の公式**（一般的解法）が見つかります。代数的な解の公式とは、**四則演算**と**累乗根**の操作だけによって、どんな方程式でも必ず解を見つけられるような、一般的な公式のことです。

当然、「4次まで見つかったんだから、5次より上も見つけられるだろう」と数学者たちは考え、その発見者になるべく研究します。

しかし、17世紀、18世紀と数学が高度化しても、5次方程式の解の公式は見つかりませんでした。そんな中、フランスの大数学者**ジョゼフ=ルイ・ラグランジュ**（1736〜1818年）は、「なぜ、5次方程式の解の公式は見つからないのか」というふうに、問いの立て方を変えました。

アーベルによる証明

18世紀末、イタリアの数学者**パオロ・ルフィニ**（1765〜1822年）が、「**5次以上の方程式には、代数的な一般解法**（**解の公式**）**はない**」ということを証明しました。

この証明にはやや不足部分があったのですが、より明快で見事な証明を、ノルウェー出身の数学者**ニールス・アーベル**（1802〜1829年）が1824年に発表します。

▲アーベル。

アーベルは当時21歳、5年後には他界します。その業績は、生前は理解されませんでした。

08

Great mathematicians in modern times

夭折の天才が人類に遺したものは？
ガロアと美しき群論

悲劇の天才

5次以上の方程式の代数的な**解の公式**について、決定的な仕事をした**アーベル**は、ずば抜けた才能をもちながら理解されず早世した、薄幸の数学青年でした。19世紀にはもうひとり、若くしてこの世を去った悲劇の天才がいます。フランスの**エヴァリスト・ガロア**（1811～1832年）です。

▲ガロア。

ガロアは15歳で数学を知ると、信じがたいスピードで数学を極めました。しかし、当時のフランス数学界の権威**コーシー**（117ページ参照）に送った論文をなくされたり（コーシーはアーベルの論文を紛失したこともあります）、父が自殺に追い込まれたりと、思春期のガロアを次々と不運が襲います。ガロアは世の中への反発を強め、革命運動に参加し、投獄され、そして決闘で命を落とすのです。

現代数学において最も美しい理論のひとつといわれ、多くの分野で活かされている**ガロア理論**は、決闘の直前、ガロアが徹夜で友人宛ての手紙に書き記したものでした。

1次方程式
2次方程式
3次方程式
4次方程式
→ **代数的な解の公式がある** ＝ 必ず代数的に解ける

5次方程式
……
n次方程式
→ **代数的な解の公式がない**
― 代数的に解けるもの
― 代数的に解けないもの

▲「代数学の基本定理」(137ページ参照) より、n次方程式は複素数の範囲でn個の解をもつ。しかしそのことと、「方程式を代数的に解けるかどうか」とは別問題だ。「ガロア理論」は、「群」の考え方を使って、「方程式が代数的に解けるための条件」を解明するものである。

方程式の本質を解明

代数的な解の公式は、4次以下の方程式にはありますが、5次以上の方程式にはありません。また、5次以上の方程式も、「解けない」わけではなく、解ける方程式と解けない方程式があります。アーベルによる証明のあとも、これらのことの理由は不明でした。

この問題を解決し、**解ける方程式と解けない方程式の違い**を明らかにしたのがガロアです。彼は、**群**《ぐん》という概念を導入することで、方程式の奥に隠された深遠な構造に迫りました。ガロアの**群論**《ぐんろん》により、代数学は方程式を解くだけではなく、より抽象的なレベルで方程式の本質を研究するものになりました。

Great mathematicians in modern times

09

数え終えることができないものの数を比べる
カントールの集合と無限

無限に挑んだ男

19世紀後半、ドイツで活躍したロシア出身の数学者**ゲオルク・カントール**（1845〜1918年）は、古代からのもうひとつの「宿題」に挑みました。それは、**エレアのゼノン**（70ページ参照）以来ほとんど正面から向き合う人がいなかった**無限**です。

カントールは**集合論**（22ページ参照）の創始者のひ

▲カントール。

▼「自然数全体の集合」と「正の偶数全体の集合」は、ともに無限の要素をもつ集合である。それぞれの要素は、下図のように一対一対応する（「全単射」が存在する）。そのようなふたつの集合は「濃度」が等しいとされる。

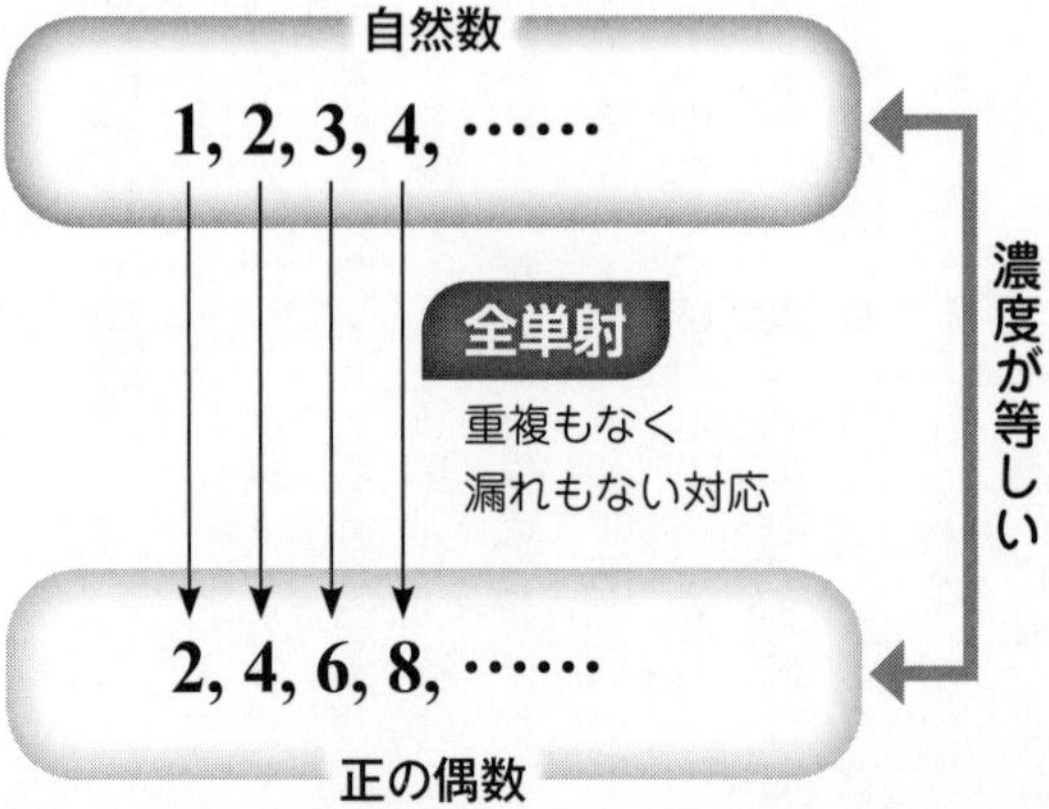

とりとされます。もっと以前の数学者たちも、「ものの集まり」を考えるということはやっていましたが、カントールの独創性は、集合を使って無限を扱い、**だれも思ってみなかったような無限の性質を明らかにした**ことにあります。それは、数学の長い歴史の中でも、特にスリリングで面白いところのひとつです。

自然数と正の偶数の個数

まず、**自然数全体の集合**を考えましょう。**集合**に含まれる**要素**の数を**基数**《きすう》といいます。自然数全体の集合の基数は無限です。要素が無限にあるわけですから、普通の数学ではその「すべて」を扱うことはできませんが、無限のものを「ひとまとまり」として扱えるところが、集合論の大きな強みです。

次に、**正の偶数全体の集合**を考えます。この集合の基数も無限です。

では、自然数と正の偶数、どちらの基数が多いと思いますか?

たとえば1から10の範囲に限定して見てみると、自然数は10個あるのに対して、偶数は{2, 4, 6, 8, 10}の5個です。自然数を「全体」とすると、正の偶数はその中の「部分」なので、自然数全体の集合のほうが、基数が多そうに思われます。

しかしじつは、自然数と正の偶数は、基数が同じなのです。カントールは、右図のような**一対一対応**(**全単射**《ぜんたんしゃ》と呼ばれます)を考えることでそれを示しました。

無限集合の濃度

要素の基数が有限の集合どうしなら、それぞれの基数を実際に数えて比べることも可能ですが、無限集合の場合、それはできません。そのため、148ページの図のように、**一対一対応によって集合のサイズを比べる方法**が考案されたのです。カントールは、このような方法を考案する天才でした。

またカントールは、集合のサイズを表す言葉として、**濃度**《のうど》という用語を導入しました。

ふたつの集合の間に全単射が存在するとき、そのふたつの集合は「濃度が等しい」といいます（現在はもっと厳密な定義があります）。この言葉を使って、さまざまな無限集合どうしのサイズを比べるのです。

149ページの話をこの言葉でいいかえると、「自然数全体の集合と、正の偶数全体の集合は、濃度が等しい」といえます。これはつくづく、とんでもないことです。

ユークリッド『原論』の公理8に、「全体は部分よりも大きい」というものがありましたが（77ページ参照）、無限を相手にするとき、この古典的な公理は通じないのです。

有理数の個数は？

では、自然数全体の集合と、**有理数全体の集合**を比べるとどうでしょうか。

有理数とは、分数で表される数であり、自

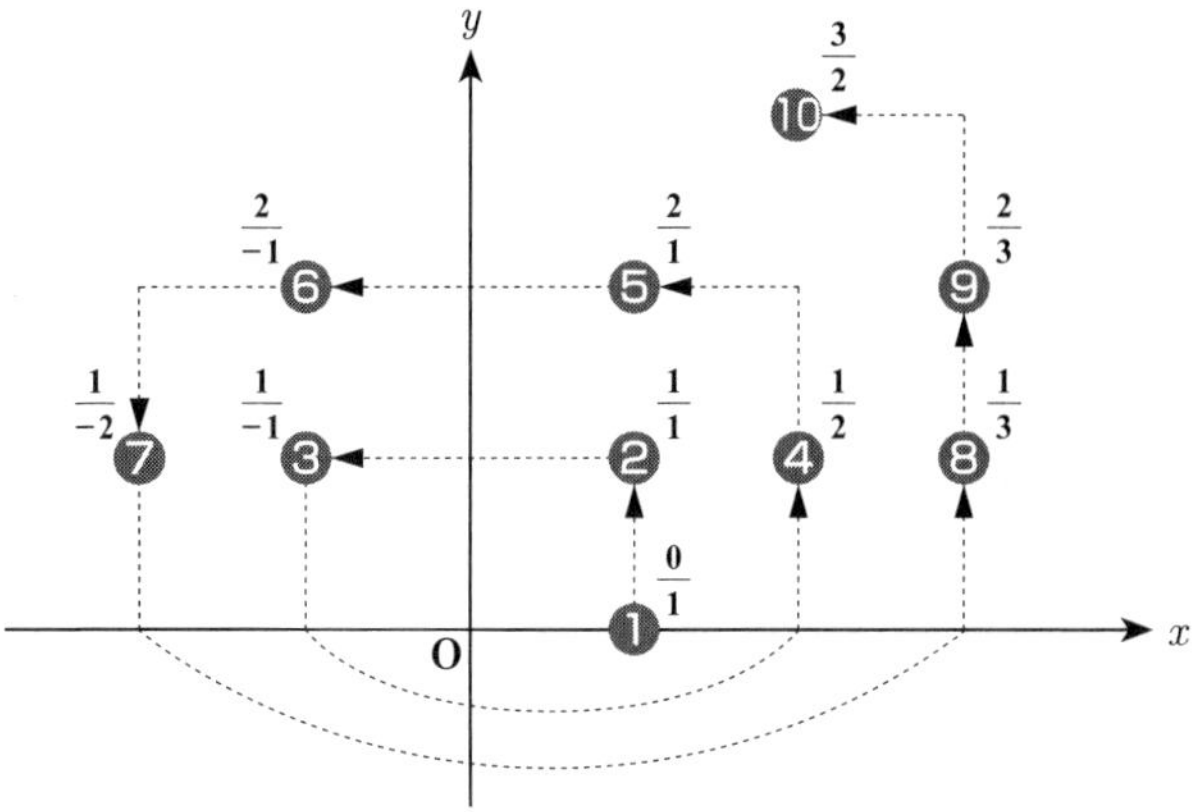

自然数	1,	2,	3,	4,	5,	6,	7,	8,	9,	10	……
	↓	↓	↓	↓	↓	↓	↓	↓	↓	↓	
有理数	0,	1,	−1,	$\frac{1}{2}$,	2,	−2,	$-\frac{1}{2}$,	$\frac{1}{3}$,	$\frac{2}{3}$,	$\frac{3}{2}$	……

▲「自然数全体の集合」と「有理数全体の集合」との間に一対一対応を作るには、上図のような工夫をすればよい。

然数も含んでいて、負の方向にも広がります。分母はいくらでも大きくできるので、どんなにせまい範囲にもぎっしり詰まっています。これはどう考えても、自然数よりも有理数のほうが数が多そうです。

しかし、上図のように、座標平面上で❶❷❸……と順番に点を取っていくことを考えてみましょう。

x 座標を分母、y 座標を分子にした分数を作ると、分母も分子もどこまでも（無限に、そして負の方向にも）大きくなっていくので、**重複も漏《も》れもなくすべての有理数を作っていくことができます**。そして❶❷❸……のナンバーは、**自然数に一対一対応します**。

つまり、**自然数と有理数の間には全単射が存在し、濃度が等しい**のです。

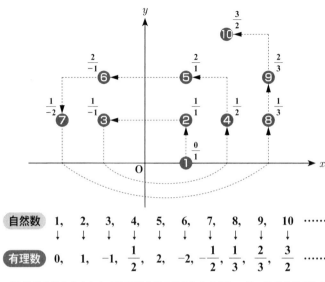

10

Great mathematicians in modern times

無限の大きさは何種類ある?

禁断の連続体仮説

無限は1種類だけなのか?

ここまで、正の偶数の無限と、有理数の無限が、**集合**としての**濃度**（サイズ）という点では、自然数の無限と等しいことを見てきました。

「自然数と同じ濃度になる」ということは、「自然数と一対一で対応する」ことであり、「1、2、3……」とカウントできることを意味します。このようにひとつひとつ数え上げていけるような濃度の無限集合を、**可算無《かさんむ》限集合《げんしゅうごう》**といいます。

自然数よりも少なそうに見えた正の偶数も、多そうに見えた有理数も、可算無限集合で、自然数と同じ濃度でした。では、無限の濃度はたった1種類、自然数と同じ濃度だけなのでしょうか?

実数の濃度

ここで出てくるのが、**実数全体の集合**です。実数は、**数直線を構成するすべての数**であり、**有理数**と**無理数**を合わせたものです。

先ほど「有理数はどんなにせまい範囲にも

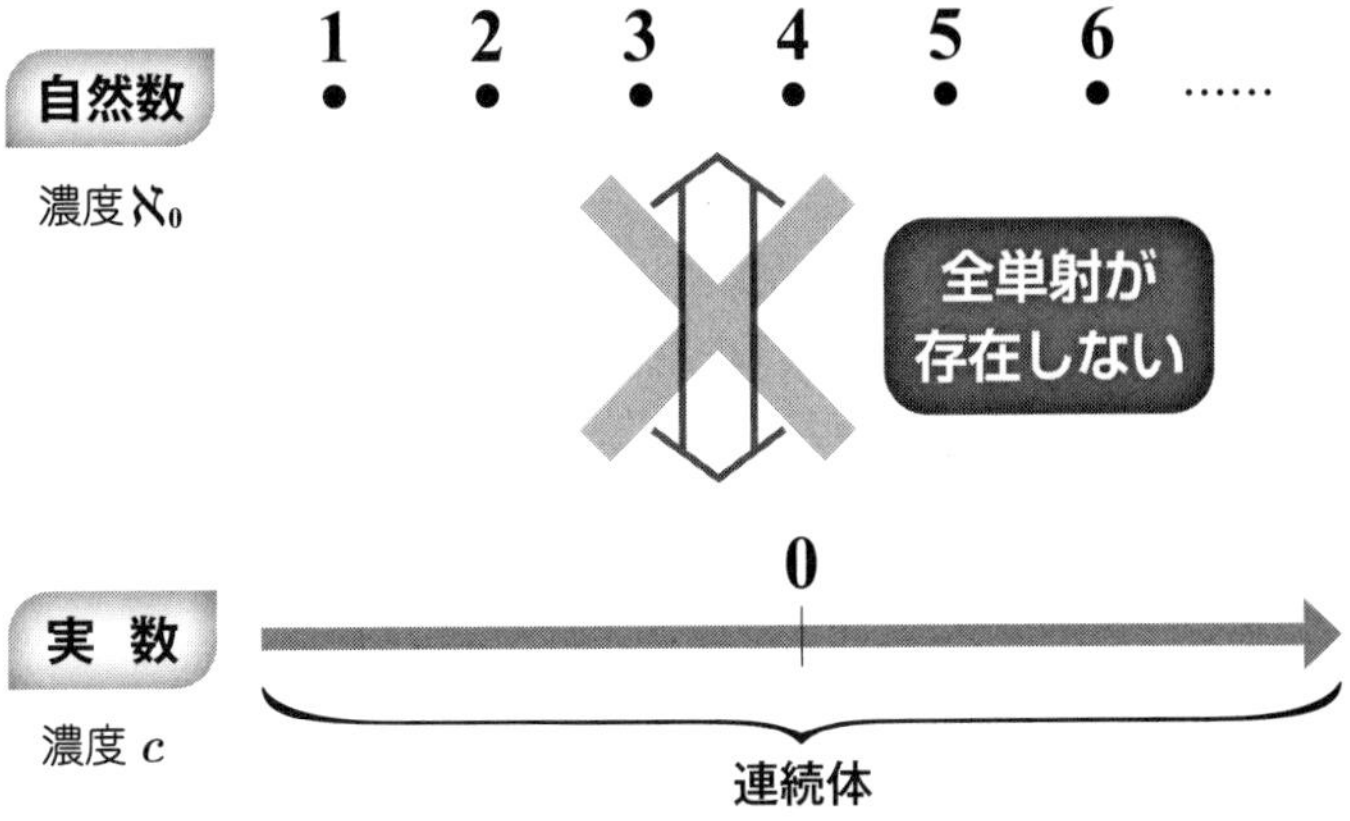

▲「自然数全体の集合」と「実数全体の集合」の間には「全単射」が存在しないので、ふたつの集合の濃度は異なる。自然数の濃度「$\aleph_0$」よりも、実数の「連続体濃度 c」のほうが大きい。

ぎっしり詰まっている」と述べましたが、それでも、有理数と有理数の間には無理数が詰まっています。たとえるなら、細かい砂利のような有理数のすき間を、水のような無理数が埋めているのです。

ですから、有理数と無理数を合わせた実数は、まさに数直線が切れ目なく延びているのと同じように、**連続**しています。

そして、**カントール**が調べてみたところ、**実数全体の集合の濃度は、自然数全体の集合の濃度よりも大きい**ことがわかったのです。

このときカントールが使ったのは、**対角線《たいかくせん》論法《ろんぽう》**というテクニックです。非常に巧妙なやり方で「自然数と実数との間に全単射が存在しないこと」を示す、面白いものなのですが、やや複雑なのでここでは割愛します。

アレフ・ゼロと連続体濃度

こうして、**無限集合の濃度には、少なくとも2種類が存在する**ことがわかりました。ひとつは自然数全体の集合の濃度、もうひとつは実数全体の集合の濃度です。

自然数全体の濃度を、カントールは $\aleph_0$（**アレフ・ゼロ**）と名づけました。「ひとつひとつ数えていける程度の無限」は、無限の中でも最も小さいものだろうということで、「0」の添え字がつけられています。

一方、実数全体の集合の濃度は、**連続体濃《れんぞくたいのう》度《ど》**と呼ばれ、c と表されます。これは、**自然数の濃度よりも大きい無限の濃度**です。

実数が数直線で表されるように、連続体濃度はつながった線としてイメージされます。つながった線を構成している点は無限個です。しかも、**自然数のように数え上げることができない無限**なのです。

連続体仮説

さて、カントールは「自然数の濃度 $\aleph_0$ と連続体濃度 c のほかにも、**さまざまな無限の濃度がある**」と考え、それらを $\aleph$ の系列として整理しようとしました。

そこで突き当たったのが、「$\aleph_0$ の次の無限集合濃度 $\aleph_1$ は、c と等しいのか？」という疑問です。いいかえると、「$\aleph_0$ と連続体濃度 c の間に、ほかの $\aleph$ はないのか？」。

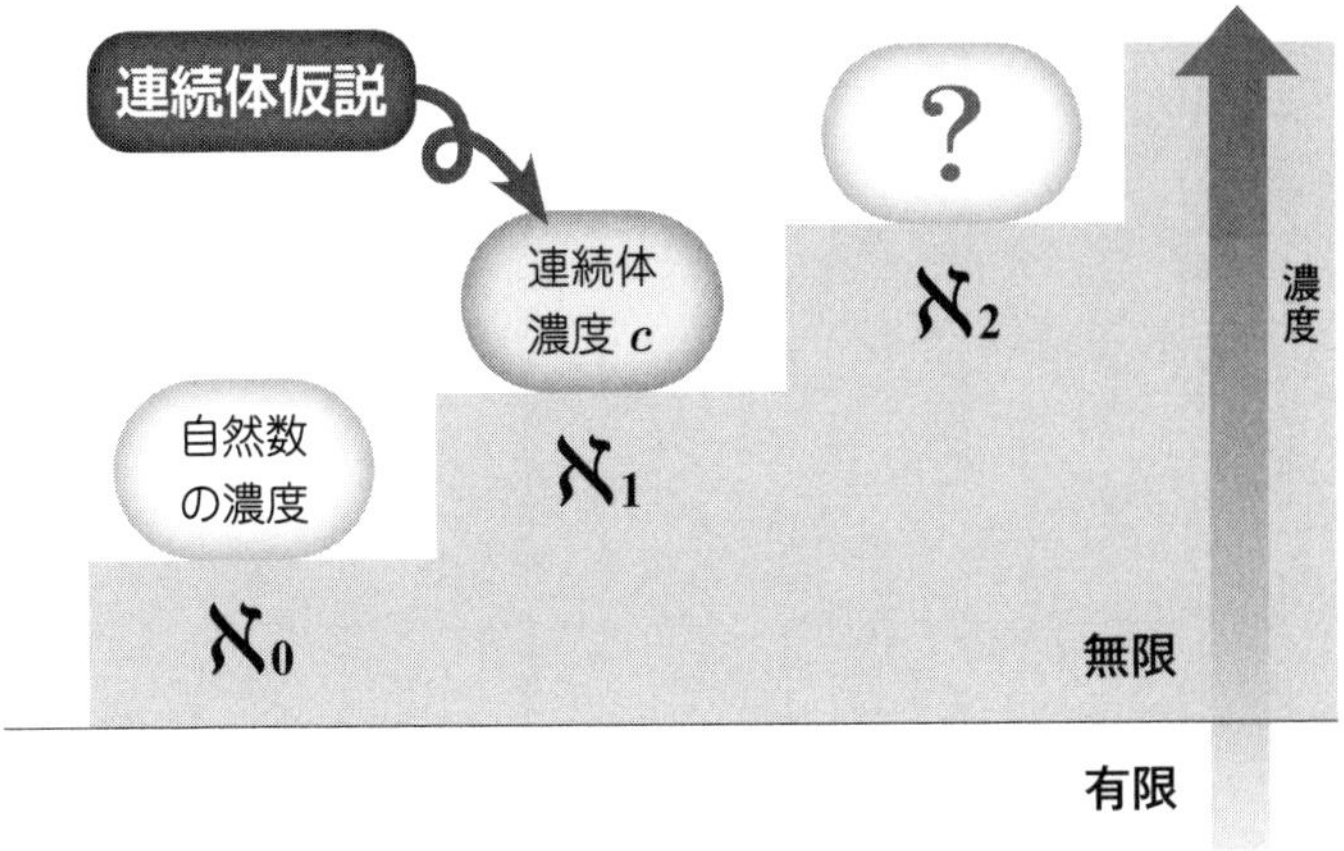

▲カントールは、「$\aleph_0$ と c との間にほかの $\aleph$ はない」と考え、この「連続体仮説」を証明しようとした。しかし現在では、連続体仮説もその否定も、ともに証明できないことがわかっている。

カントールは、「$\aleph_0$ と c の間にほかの $\aleph$ はなく、c が $\aleph_1$ である」という**連続体《れんぞくたい》仮説《かせつ》**を立て、これの証明に挑みました。

しかし、この問題は難しすぎて、天才カントールにも手に負えませんでした。彼は心のバランスを崩し、入退院をくり返して、癒《い》えることなく亡くなります。

そしてカントールの死後、とんでもないことがわかります。**連続体仮説は、私たちの数学体系の中では証明も否定もできない**ことが、厳密に証明されたのです。

カントールが取り組んでいたのは、絶対に成果が上がるはずのない問題でした。無限を覗き込み、その秘密を人類に教えてくれた数学者は、無限の底知れぬ魔力にとらわれてしまったのかもしれません。

COLUMN 05

統計学の発展

観測・調査・実験の結果を数量的にまとめ、傾向や特質などを調べる**統計**は、数学にかかわるさまざまな分野の中でも、今日、特に注目され、役立てられているものではないでしょうか。

統計学には、3つの源流があるとされます。

ひとつめは、社会の実態を把握するための**社会統計学**《しゃかいとうけいがく》です。古くから支配者層は、統治のために情報を必要としました。古代エジプトでも、ピラミッドを建設するための調査が行われたといいます。

ふたつめは、大量のデータをまとめる**記述**《きじゅつ》**統計学**《とうけいがく》です。これを創始したのは、17世紀イギリスの商人**ジョン・グラント**（1620～1674年）です。グラントは、単にデータを見るだけでなく、分析によって規則性を見いだそうとしました。

そして3つめは、数学的な見方でデータを処理する**数理統計学**《すうりとうけいがく》です。**確率論**を創始した**パスカル**や**フェルマー**（100ページ参照）がその起点となっています。

20世紀に入ってから、**推計統計学**《すいけいとうけいがく》が発展しました。これは、確率の考え方をもとにして、一部の**サンプル**から全体（**母集団**《ぼしゅうだん》）を推し量るような考え方です。

さらに近年は、**ベイズ統計**が注目されています。これは、十分な客観的データがなくても使える理論であり、**ＡＩ**（**人工知能**）などに利用されています。

第6章

現代数学の危機と達成

01

The crisis and achievements in 20th century

集合論は袋小路に行き着いてしまった？

ラッセルのパラドックス

集合論の威力と弱点

19世紀後半に**カントール**らによって作られた**集合論**（１４８ページ参照）は、数学にとって非常に強力な武器となった反面、**無視できない弱点**も抱えていました。

19世紀から20世紀への変わり目頃に、その弱点が、**パラドックス**という形で表れてきます。**集合論が不可避的に矛盾を抱え込んでしまう**ことが明らかになるのです。中でも有名なのが、イギリスの数学者・哲学者**バートランド・ラッセル**（１８７２〜１９７０年）によって１９０１年に発見された、**ラッセルのパラドックス**です。

▲ラッセル。

理髪師のパラドックス

このパラドックスのイメージは、次のような面白いクイズからつかむことができます。

ある村に、ひとりの理髪師がいます。彼は、**「自分でひげを剃《そ》る村人」**のひげは剃らず、**「自分でひげを剃らない村人」**のひげは剃り

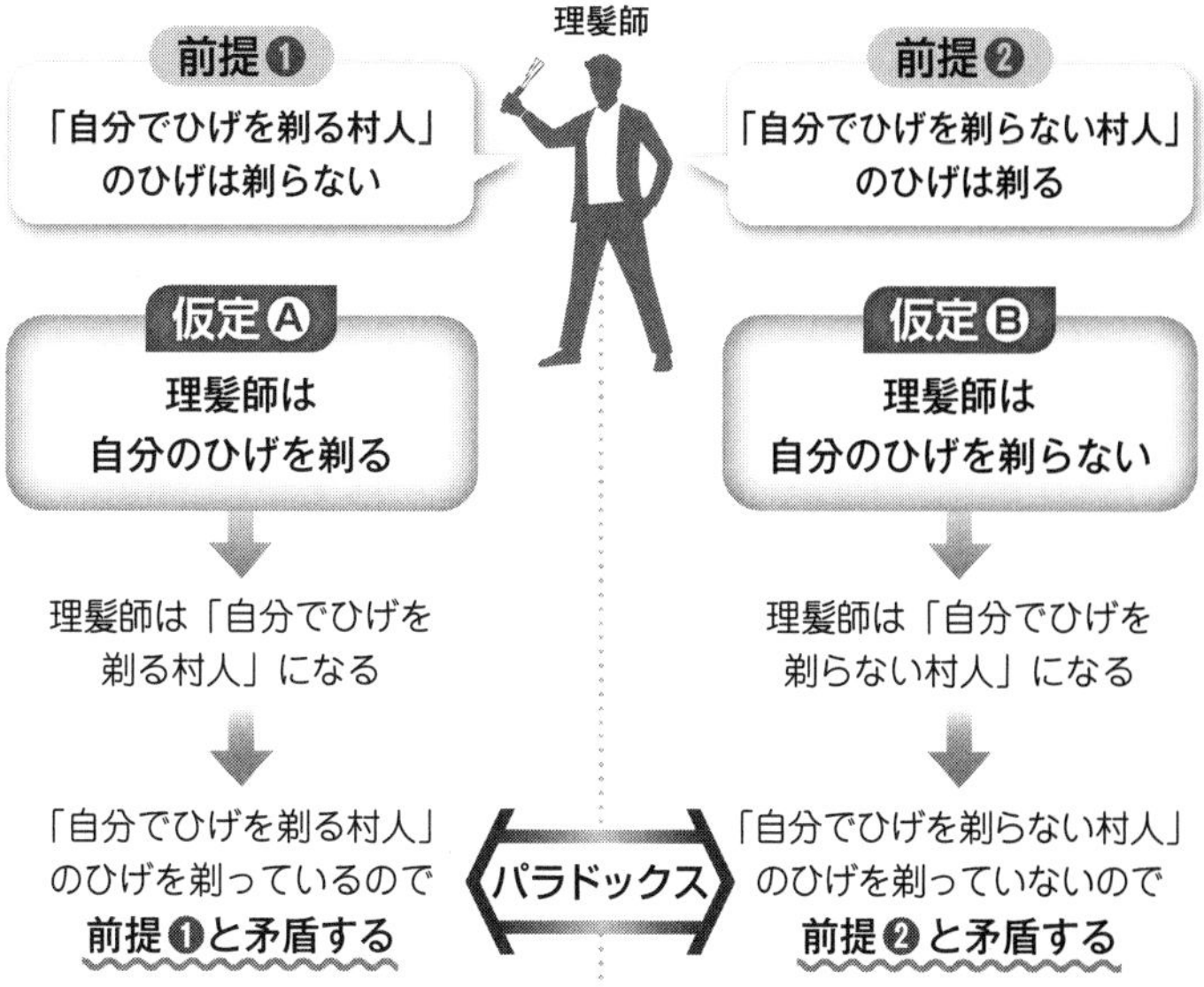
理髪師
前提❶
「自分でひげを剃る村人」のひげは剃らない
前提❷
「自分でひげを剃らない村人」のひげは剃る
仮定Ⓐ
理髪師は自分のひげを剃る
理髪師は「自分でひげを剃る村人」になる
「自分でひげを剃る村人」のひげを剃っているので前提❶と矛盾する
仮定Ⓑ
理髪師は自分のひげを剃らない
理髪師は「自分でひげを剃らない村人」になる
「自分でひげを剃らない村人」のひげを剃っていないので前提❷と矛盾する
パラドックス

▲「ラッセルのパラドックス」を感覚的に理解するための、「理髪師のパラドックス」。Ⓐを仮定してもⒷを仮定しても矛盾が生じてしまう。

ます。では、この理髪師は、理髪師自身のひげを剃るでしょうか？

Ⓐ「理髪師は自分のひげを剃る」と仮定しましょう。すると、この理髪師は「自分でひげを剃る村人」だということになります。だとしたら、「理髪師は、自分でひげを剃る村人のひげは剃らない」という前提に矛盾してしまいます。

逆にⒷ「理髪師は自分のひげを剃らない」と仮定すると、「理髪師は、自分でひげを剃らない村人のひげを剃る」という前提との間に矛盾が生じます。

つまり、この理髪師については、Ⓐ「自分のひげを剃る」と考えても、Ⓑ「自分のひげを剃らない」と考えても、論理的におかしくなるのです。

パラドックスの前提

これを踏まえて、ラッセルのパラドックスを見ていきましょう。少々難しいですが面白いので、ぜひじっくり考えてみてください。

まず準備として、**自分自身（その集合自体）を要素として含む集合**を考えます。

例としては、「集合」の集合があります。「『集合』の集合」は一種の「集合」なので、それ自体「『集合』の集合」に含まれるのです。

ほかにも、「抽象的なもの」の集合（集合は「抽象的なもの」です）、「死なないもの」の集合（集合は「死なないもの」）……というふうに、「自分自身を要素として含む集合」は無数に考えられます。

逆に、**自分自身を要素として含まない集合**を考えると、「人間」の集合（「人間の集合」は「人間」ではなく集合）、「イス」の集合、「虎」の集合など、これも無数にあります。

集合論の矛盾

さて、いよいよ本題です。今から考えるのは、「**自分自身を要素として含まない集合をすべて集めた集合**」です。これを「集合R」と定義します。このRについては、次の2通りの場合が考えられます。

Ⓐ **自分自身を要素として含む**
Ⓑ **自分自身を要素として含まない**

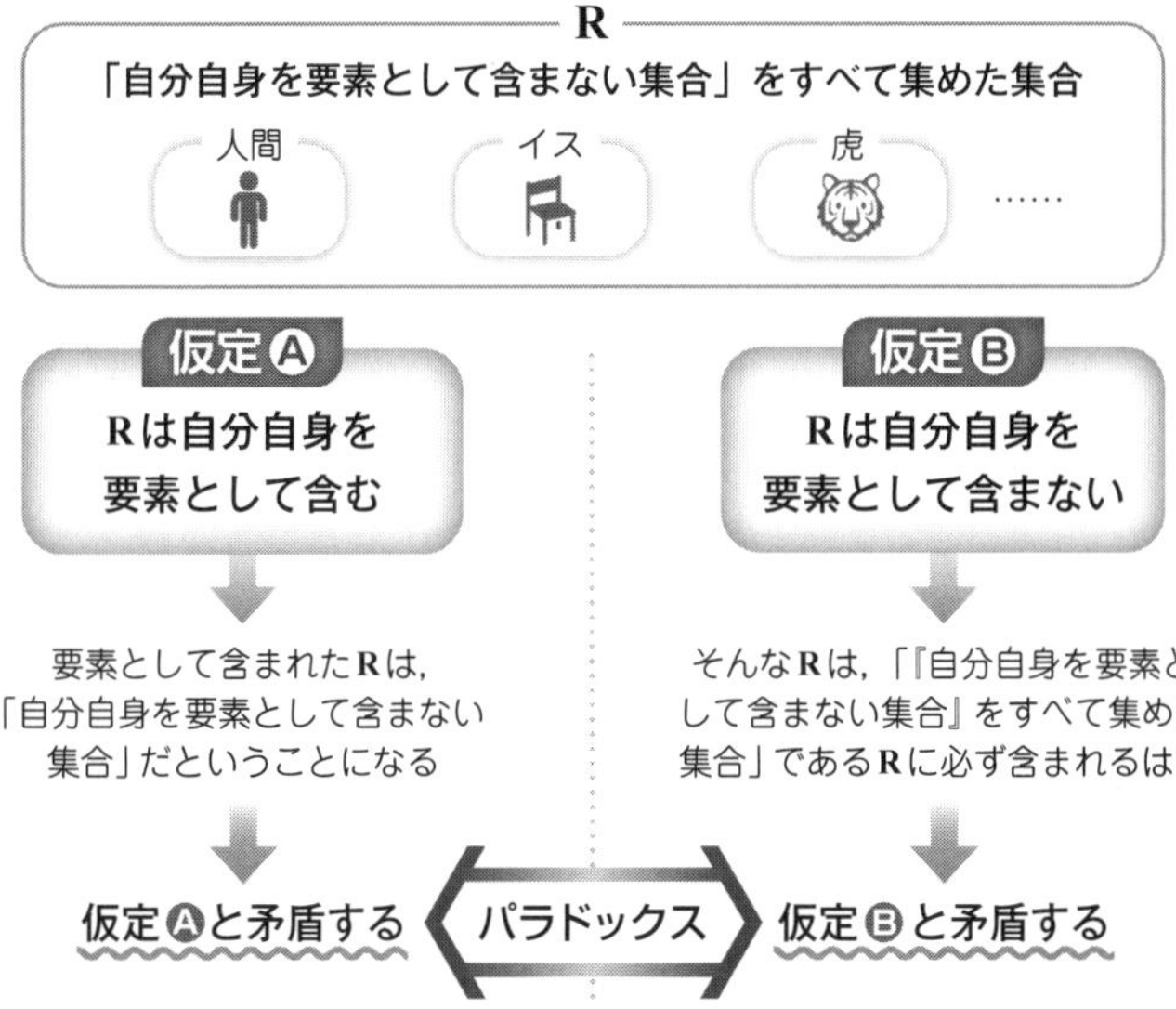
R
「自分自身を要素として含まない集合」をすべて集めた集合
人間
イス
虎
……
仮定Ⓐ
Rは自分自身を要素として含む
要素として含まれたRは，「自分自身を要素として含まない集合」だということになる
仮定Ⓐと矛盾する
仮定Ⓑ
Rは自分自身を要素として含まない
そんなRは，「『自分自身を要素として含まない集合』をすべて集めた集合」であるRに必ず含まれるはず
仮定Ⓑと矛盾する
パラドックス

▲「ラッセルのパラドックス」。やや難しいが結局のところ、数学の土台となるべき「集合論」が、内部に矛盾を抱えていることを示している。

まず、RがⒶだと仮定しましょう。すると、Rは「自分自身を要素として含まない集合」の集まりの中の一員だということになります。この結果は、「自分自身を要素として含む」という仮定と矛盾します。

逆に、RがⒷだと仮定します。そのような集合は、「『自分自身を要素として含まない集合』をすべて集めた集合」すなわちRの中に含まれるはずです。これは「自分自身を要素として含まない」という仮定と矛盾します。

以上より、**「『自分自身を要素として含まない集合』をすべて集めた集合」は、「自分自身を要素として含む」と考えることも、「自分自身を要素として含まない」と考えることもできません。**集合論は、こんなパラドックスを抱えているのです。

02

The crisis and achievements in 20th century

「数学の危機」からいかに脱出するか

ヒルベルト・プログラム

▼論理主義

20世紀初頭、「これからの数学を支えてくれるだろう」との期待を集めていた**集合論**が、本質的に矛盾を抱え込んでいたという発見は、数学者たちに深刻なショックを与えました。この問題は、「**数学の危機**」と呼ばれます。

そしてこの大ピンチから、「数学が拠って立つ土台を、厳密に再構成しなければならない」という研究が盛んになり、**数学基礎論**（22ページ参照）が整備されていくのです。

「数学の危機にどのように対処するか」については、3つの立場がありました。

ひとつは、**ラッセル**をはじめとする**論《ろん》理《り》主《しゅ》義《ぎ》**です。

これは、「最も信用できるのは論理である」と考え、**論理学の上に数学を再構築しよう**と

▼短縮版『プリンキピア・マテマティカ』。

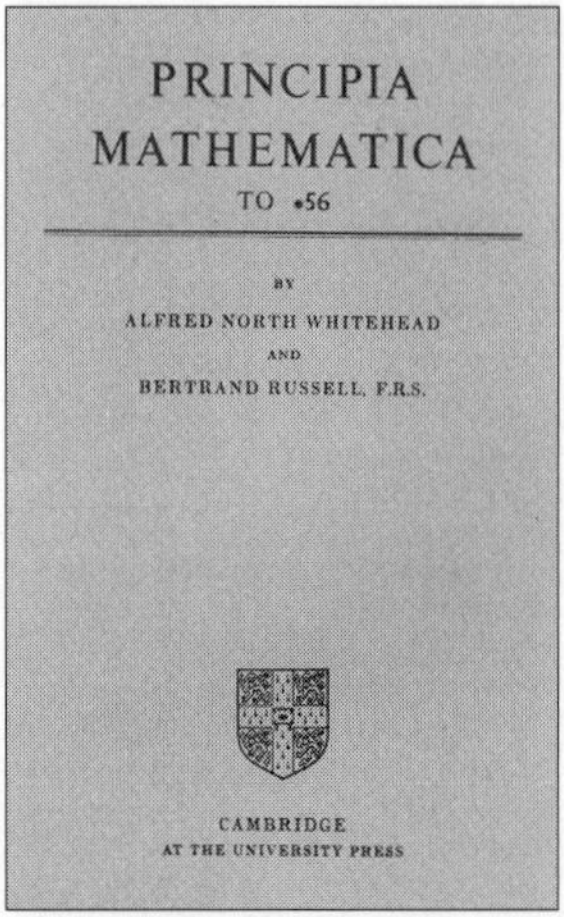

する立場です。その試みは、ラッセルがイギリスの数学者**アルフレッド・ノース・ホワイトヘッド**（1861〜1947年）とともに書いた大著『**プリンキピア・マテマティカ**』（1910〜1913年）によって、一定の達成を見ました。

直観主義

ふたつめの立場は、**直観主義**《ちょっかんしゅぎ》です。

もともと**カントール**が集合論を発表したときから、これに反発する数学者もいました。カントールの師に当たるポーランド出身の数学者**レオポルド・クロネッカー**（1823〜1891年）も、抽象的な手法で無限を扱うカントールの数学を認めていませんでした（クロネッカー自身はすぐれた数学者です）。

直観主義は、そんなクロネッカーらの立場を引き継いでいるといえます。人間の直観からあまりに乖離《かいり》するものは認めず、直観を数学の基礎に置こうとしました。

代表格であるオランダの数学者**ライツェン・エヒベルトゥス・ヤン・ブローエル**（1881〜1966年）は、カントール的な手法を批判し、「無限を抽象的に扱う手法を禁じるべきだ」と主張しました。

形式主義

3つめの立場は、**形式主義**《けいしきしゅぎ》です。

その提唱者であるドイツの数学者**ダーヴィット・ヒルベルト**（1862～1943年）は、ブローエルの直観主義を強く批判し、むしろ「**数学から、人間の直観に頼る部分を排除しよう**」と考えました。その考え方を思いきって噛《か》み砕くと、次のようになります。

▲ヒルベルト。

たとえば「6÷2＝3」という式を、子どもに説明したいと思うとき、「6個のリンゴをふたりで分けたら、ひとり3個もらえるね」というふうに、直観的にわかるようなたとえ話にすることがあります。

しかしこれは「(−6)÷(−2)＝3」には通用しません。「-6個」を「-2人」で分けることなど想像できないからです。それでも、「(−6)÷(−2)＝3」は正しい式です。

つまり、抽象的なものを扱う場合、人間の直観は必ずしも当てにならなくなります。

そこで、「6」や「÷」や「＝」といったものから、**人間の直観に訴えるような意味をはぎ取って、単に形式的な記号として自在に扱えるようにしよう**というのが形式主義です。

ヒルベルトの野望

ヒルベルトは、19世紀末から20世紀初頭にかけて、世界の数学界をリードする存在でした。1900年には当時の重要な未解決問題をまとめ、「これらを解決していこう」と世

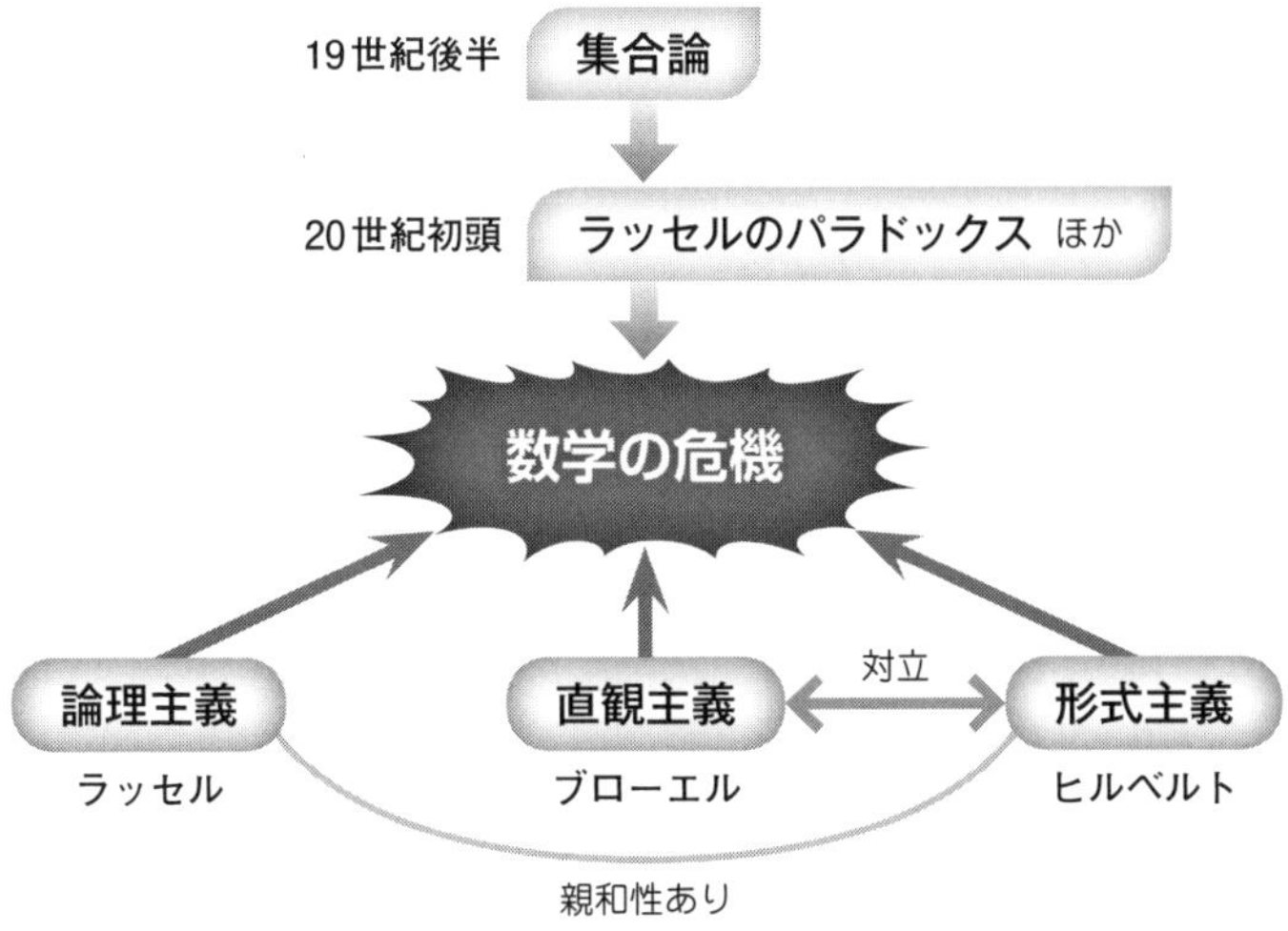

▲「数学の危機」から、数学の基礎を構築しようという動きが起こった。「論理主義」「直観主義」「形式主義」の3つの立場があったが、形式主義のヒルベルトが特に力をもっていた。

界中の数学者に示しています。ちなみにこの**ヒルベルトの23の問題**には、**連続体仮説**（155ページ参照）も含まれていました。

ヒルベルトは「数学の危機」を乗り越えることをめざし、「完全無欠の数学」を作ろうとしました。**数学的な問題を、すべて数学の内部で解決できるようにする**ため、目標に掲げられたのは、次のふたつを示すことです。

❶すべての問題は、真か偽か証明できる。
❷数学の公理系（ルール）に矛盾はない。

❶を**完全性**《かんぜんせい》、❷を**無矛盾性**《むむじゅんせい》といいます。

「数学を徹底的に形式化し、完全で無矛盾であることを証明しよう」という壮大な野望は、**ヒルベルト・プログラム**と呼ばれました。

03

The crisis and achievements in 20th century

数学の内部には「限界」があった!!

ゲーデルの不完全性定理

ケーニヒスベルク会議

1930年、ドイツのケーニヒスベルクで、「厳密科学における認識論」会議が開催されました。これには**ヒルベルト**も出席し、**ヒルベルト・プログラム**がいずれ完遂されるだろうと宣言しているのですが、この会議の終了間際、ひとりの参加者が突然立ち上がり、驚くべきアイデアを口にしました。

その内容はあまりに斬新だったため、同席していた世界最高レベルの数学者たちも、ほぼ全員が理解できませんでした。ただひとり、その発言の重要性に気づいたのは、「宇宙人」とも「悪魔」とも呼ばれた天才、ハンガリー出身の数学者**フォン・ノイマン**（175ページ参照）だったといいます。

発言者は、チェコ出身の数学者**クルト・ゲーデル**（1906～1978年）。数学者や科学者の中でも、ずば抜けた頭脳のもち主でした。フォン・ノイマンは、人から「20世紀最高の知性」と呼ばれると、「それは私ではなくゲーデルだ」といっていました。

▲ゲーデル。

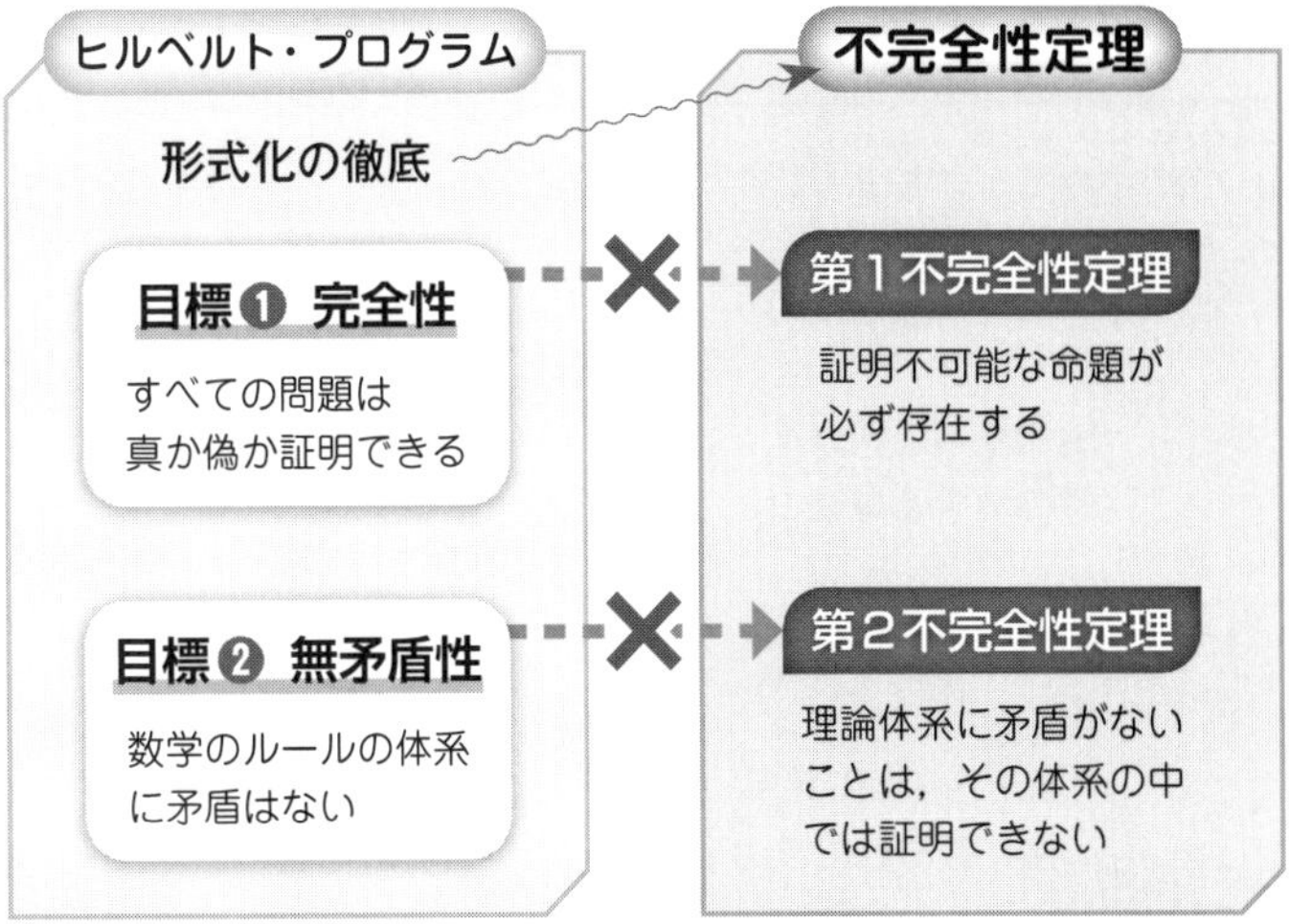
ヒルベルト・プログラム
形式化の徹底
目標① 完全性
すべての問題は
真か偽か証明できる
目標② 無矛盾性
数学のルールの体系
に矛盾はない
不完全性定理
第1不完全性定理
証明不可能な命題が
必ず存在する
第2不完全性定理
理論体系に矛盾がない
ことは，その体系の中
では証明できない

▲ゲーデルの「不完全性定理」は、「ヒルベルト・プログラム」を徹底することにより、そのプログラムの限界を示してしまったものだというふうに解釈できる。ただし、だからといってヒルベルト・プログラムが無意味になったわけではない。

不完全性定理

ゲーデルが会議で語ったアイデアとは、いったいどんなものだったのでしょうか？

もともとゲーデルは、ヒルベルトの提唱した**数学の形式化**のための研究に打ち込んでいました。そして彼は、**ゲーデル数**というものを発明しました。これは、数学の理論を構成するあらゆる要素に、自然数を割り当てて、**論理を数で表現してしまう**という恐るべきものです。ゲーデル数を使うと、あらゆることが「計算」として示され、数学に直観が入る余地はなくなり、徹底的に形式化されます。

しかし皮肉なことに、この方法によって、ヒルベルト・プログラムの限界を意味するよ

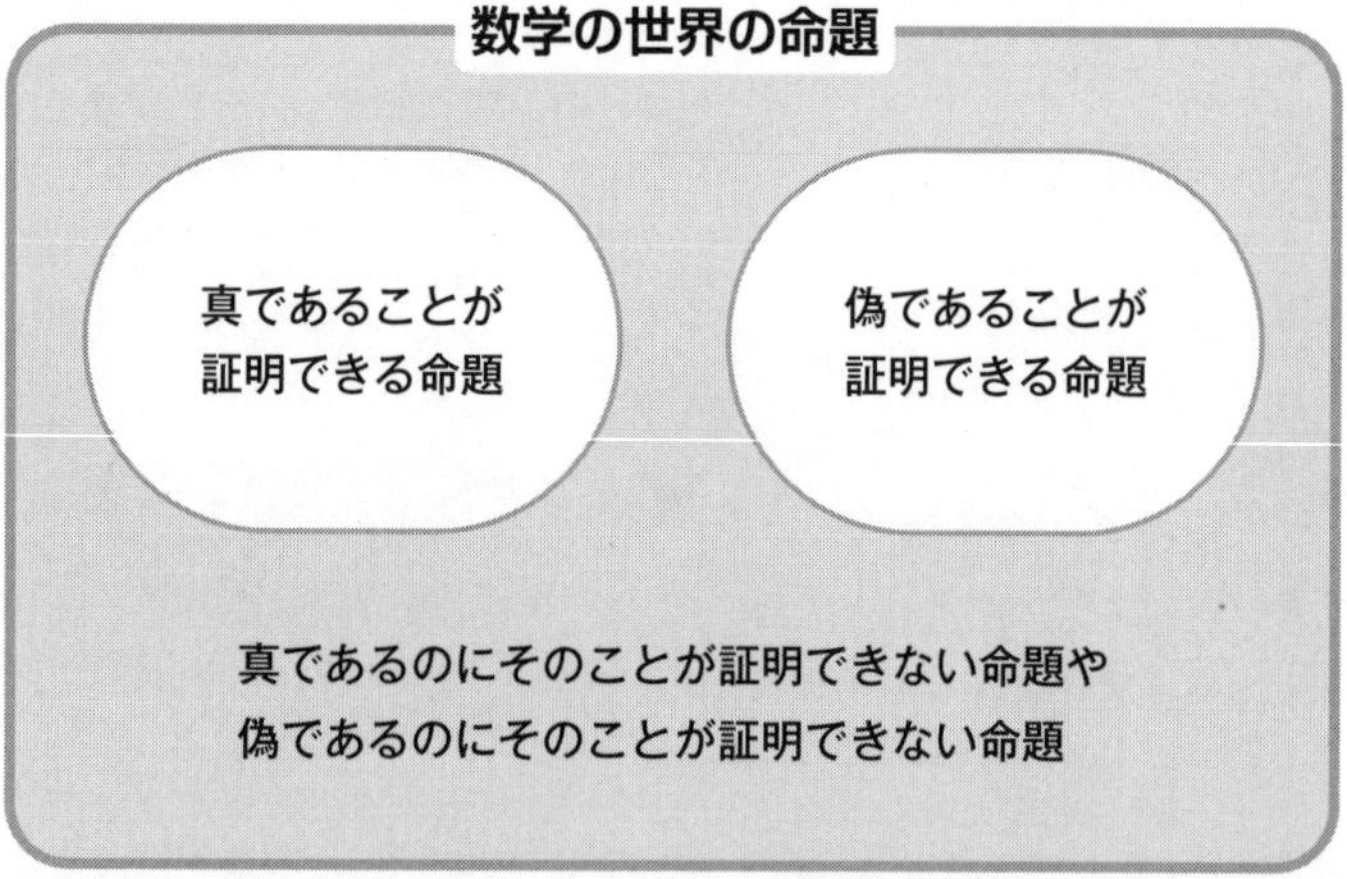

▲「第１不完全性定理」は、上図のようにイメージすることができる。

うな結論が明らかになってしまったのです。

その結論は、**不《ふ》完全性定理《かんぜんせいていり》**と呼ばれます。ゲーデルがケーニヒスベルクで口にしたのは、そのアイデアの一部です。

不完全性定理はふたつあります。**第1不完全性定理**は、**「矛盾のない理論体系の中にも、真であることも偽であることも証明できない命題が必ず存在する」**という内容です。これは、ヒルベルト・プログラムの目標のひとつである**完全性**を、否定するような内容です。

第2不完全性定理は、**「理論体系に矛盾がないとしても、その理論体系は、『自分自身に矛盾がないこと』を、その理論体系の中で証明できない」**というもの。これはヒルベルト・プログラムのもうひとつの目標である**無矛盾性**に、否定的に対応しています。

形式化の徹底の先に

つまり、ヒルベルトの指し示した道を進み、形式化を徹底したゲーデルは、「**数学が徹底的に形式化されたとしても、証明できない問題が残るし、『数学のルールに矛盾がないこと』も証明できない**」ということを証明してしまったのです。

そのアイデアが、ヒルベルト・プログラムの推進を謳《うた》う会議の場で語られたのは、現代数学史のハイライトのひとつです。

不完全性定理は１９３１年に論文として発表され、多くの誤解も受けながらも、数学のみならず20世紀の思想・文化に、決定的な影響を与えていきました。

ゲーデルは、**完成されたシステムの中に秘められた裂け目**のようなものを探し出す、独特の才能をもっていたようです。

ユダヤ系の彼は、１９４０年にナチスの手から逃れてアメリカに移住し、１９４８年にはアメリカ市民権を取得します。その際、ふたりの保証人と、アメリカ合衆国憲法に関する簡単な面接試験を受けることが必要でした。なぜか合衆国憲法を猛勉強したゲーデルは、「憲法の中に矛盾を発見した」と主張し、面接官に対して「アメリカが独裁国家に移行しうることを証明できる」と述べました。保証人になっていた**アインシュタイン**（１８２ページ参照）らは、あわてて話をそらしたということです（アインシュタインもユダヤ系で、アメリカで友人になっていたのです）。

04

The crisis and achievements in 20th century

ドーナツとコーヒーカップは同じもの!?

奇妙な幾何学トポロジー

「やわらかい幾何学」

フランスの数学者**アンリ・ポアンカレ**（1854~1912年）は、**ヒルベルト**のような形式主義ではなく、**直観主義**的な立場に立っていました。

そんな彼が創始したのが、「やわらかい幾何学」とも呼ばれる**トポロジー**（**位**《い》**相幾何学**《そうきかがく》）です。

これはとても面白い幾何学で、図

▲ポアンカレ。

▼私たちにとってなじみ深いユークリッド幾何学では、「同じ形」というとおおむね「合同」を意味する。これは「長さ」や「角度」を重視する考え方である。

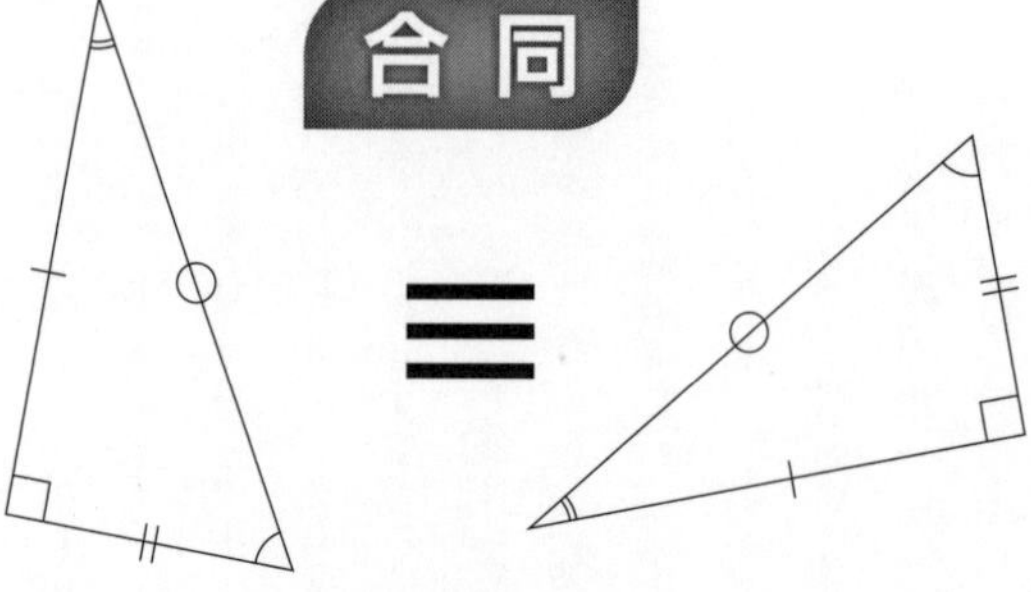

辺の長さと
角の大きさが同じ

同相

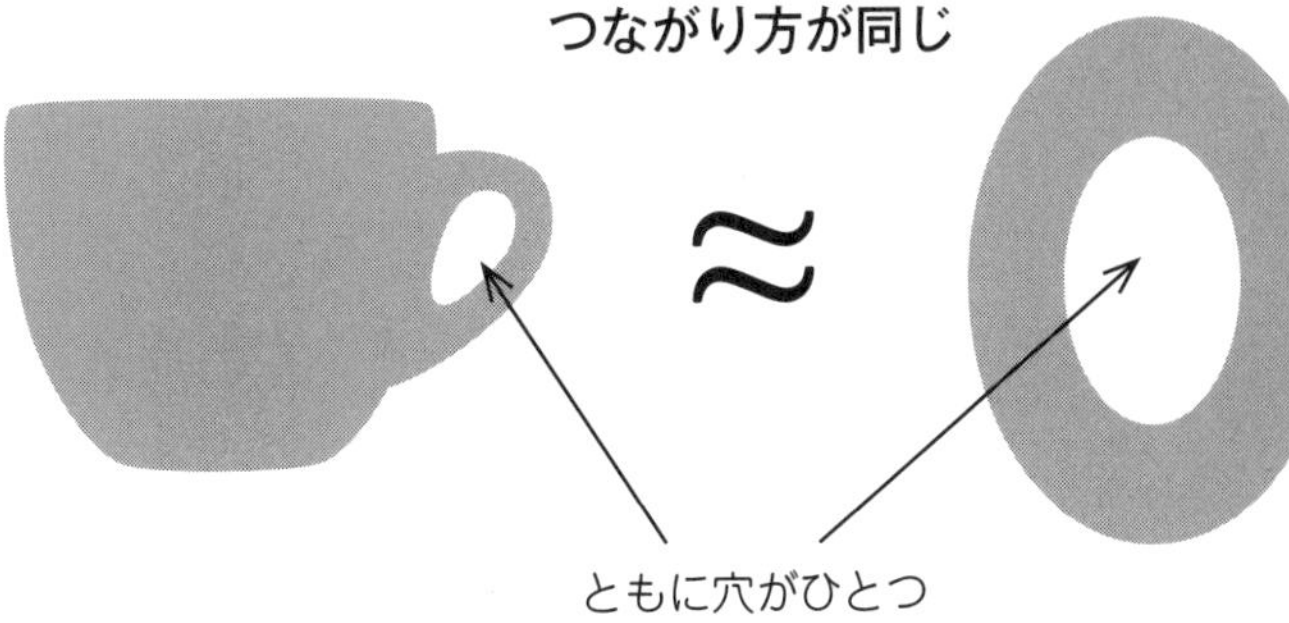

▲「トポロジー」では、「長さ」や「角度」ではなく、「つながり方」によって図形を分類する。そのときの「同じ形」を、「同相」という。

形をゴムや粘土のようなものとして考えます。そしてたとえば、「**ドーナツとコーヒーカップは、同じ形である**」とみなすのです。

「同じ形」とは何か

私たちは普通、右図のようなふたつの三角形を「同じ形」だと考えます。この場合の「同じ形」を**合同**《ごうどう》といいます。辺の長さや角の大きさがすべて同じで、合わせるとぴったり重なります。

しかしトポロジーでは、辺の長さや角の大きさは「別に、どうでもいい」と考えます。

トポロジーにおいて重視されるのは、**つながり方**です。ドーナツは、穴がひとつでほかは全部つながった形です。コーヒーカップも、取っ手のところだけ穴が開いていて、ほかは全部つながっています。だから、粘土でできたドーナツをうまくこねて変形させれば、コーヒーカップの形を作ることができます。そのような関係を「同じ形」とみなして、**同《どう》相《そう》**と呼びます。

テキトーだからこそ使える

「そんなテキトーな幾何学が、いったい何の役に立つんだろう？」と考える方もいらっしゃるでしょう。しかし、私たちは毎日、トポロジー的なもののお世話になっています。たとえば、**電車の路線図**です。路線図は、実際の位置関係を必ずしも再現していません。「駅と駅を線路がどうつないでいるか」ということを、極端に単純化して見やすく示してくれています。逆に、距離や角度を正確に再現した図だと、使いづらいことでしょう。

それと同じように、**数学や科学、テクノロジーのいろいろな分野で、つながり方に特化した幾何学は、非常に使い勝手がよい**のです。対象の正確なデータがなくても、構造によって分類できるからです。

ルーツはグラフ理論

トポロジーのルーツのひとつとされるのが、**オイラー**が取り組んだ「**ケーニヒスベルクの**

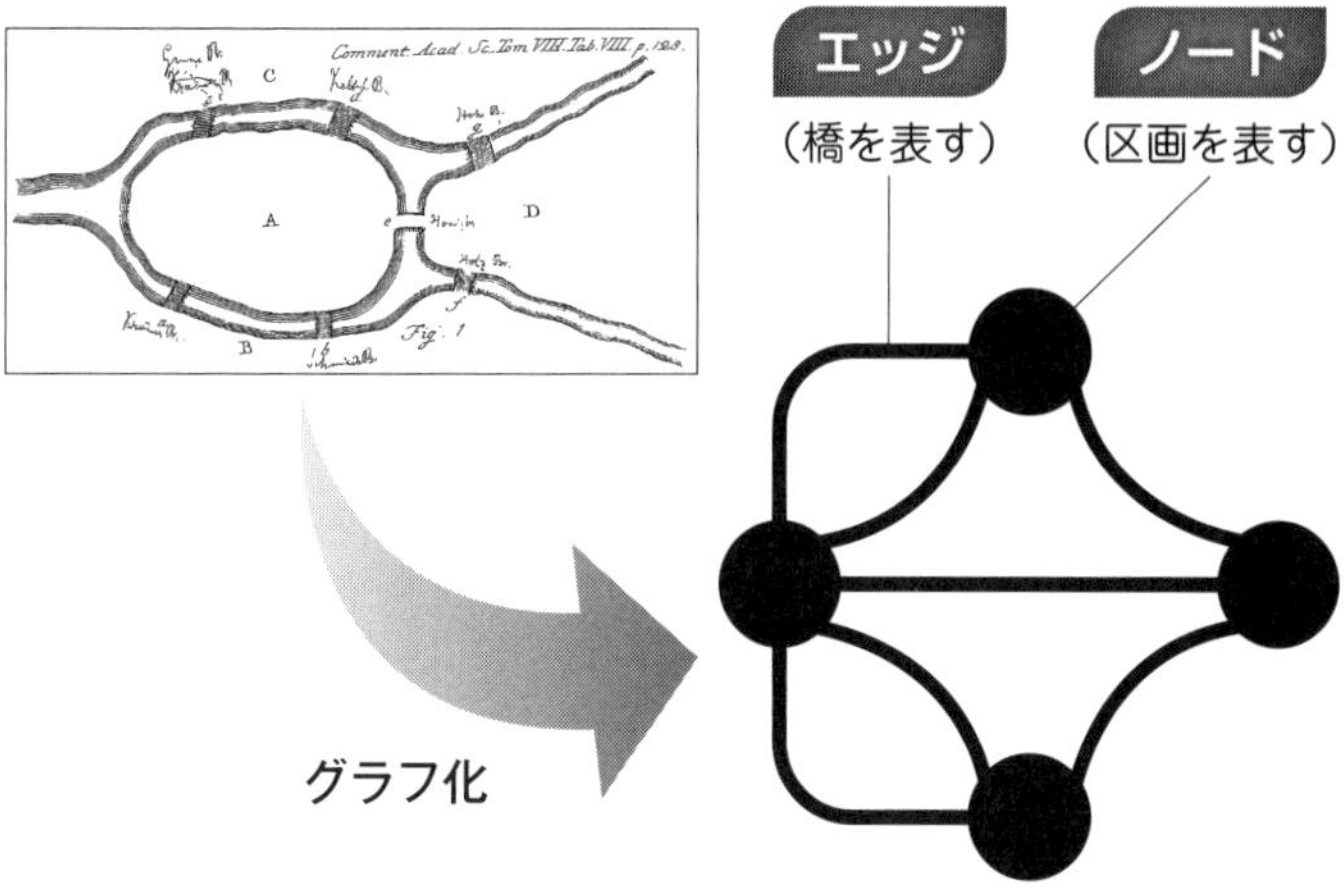

▲オイラーは、「ケーニヒスベルクの7つの橋」と呼ばれる問題を、「トポロジー」に通じるような考え方で解決した。ここから、「グラフ理論」が生まれた。

7つの橋」と呼ばれる問題です。

18世紀の初め、「ケーニヒスベルクの町を、7つの橋をすべて一度だけ渡って一周できる経路はあるか？」という問題があり、さまざまな人がチャレンジしたものの、そのような経路は見つかりませんでした。

そこでオイラーは1736年、川で隔てられた区画を**頂点**（**ノード**）で、区画をつなぐ橋を**辺**（**エッジ**）で表して、「つながり方だけに特化した図」を作りました。その結果、問われているような経路が存在しえないことがわかったのです。

このオイラーの研究から、ノードとエッジによって図を作る**グラフ理論**が誕生しました。そしてこのグラフ理論が、トポロジーにつながっていくのです。

05

The crisis and achievements in 20th century

現代を支えるテクノロジーのルーツ

コンピューターの登場

チューリング・マシン

今日《こんにち》、私たちの生活と切っても切れない関係になっているテクノロジーとして、**コンピューター**があります。コンピューターは、20世紀の数学から生み出されました。

あらゆる情報をデジタル処理する仕組みを考えたのは、イギリスの数学者**アラン・チューリング**（1912〜1954年）です。

▲チューリング。

▼コンピューターの計算の仕組みをモデル化した「チューリング・マシン」を再現したもの。（写真：Rocky Acosta）

彼は、**ゲーデル**の理論（167ページ参照）をもとに、**チューリング・マシン**という架空の抽象的な数学機械を考案しました。

その機械は、**アルゴリズム**と呼ばれる命令の集合を、記号に置き換えて計算できる数学的な仕組みをもっています。

その原理が、のちにコンピューターに利用されることになるのです。

ノイマン式コンピューター

コンピューターの原理を作ったもうひとりの人物が、ハンガリー出身の数学者・物理学者**ジョン・フォン・ノイマン**（1903～1957年）です。

▲フォン・ノイマン。

彼は「天才エピソード」の宝庫で、さまざまな分野で驚くべき業績をあげています。

フォン・ノイマンはアメリカで暮らし、第2次世界大戦中には**原子爆弾**の開発を含め、さまざまな国家プロジェクトに協力しました。

その際、正確に速く計算できる機械が必要だということで、コンピューターの開発にかかわったのです。ハードウエアとソフトウエアの分離した**ノイマン式コンピューター**の原理は、現在、全世界で使われています。

コンピューターができたとき、フォン・ノイマンは「やっと私の次に計算の速い機械ができた」といったそうです。

06

The crisis and achievements in 20th century

予測できない混沌に取り組む

カオス理論

未来は予測できるのか

ニュートンの業績をもとに築き上げられた物理学の**ニュートン力学**は、**運動方程式**《うんどうほうていしき》という驚異的にシンプルな数式で、物体の運動を記述することに成功しました。以来、近代物理学には「データさえ十分に手に入れば、未来にどんな現象が起こるのかを予測できるようになるはずだ」という考え方がありました。

しかし、この考え方は次第にゆるがされていきます。まず19世紀末、**ポアンカレ**（170ページ参照）は、太陽とふたつの惑星が重力で引き合うとき、その動きが不規則になることを発見しました（**三体問題**《さんたいもんだい》）。

バタフライ効果とカオス

1961年、アメリカの気象学者**エドワード・ローレンツ**（1917～2008年）が、コンピューターを使って気象のシミュレーションを行っていました。そして、**入力する初期値をほんの少し変えただけで、まったく異なる結果が出る**ということに気づいたのです。その初期値の違いは、事前の予想として

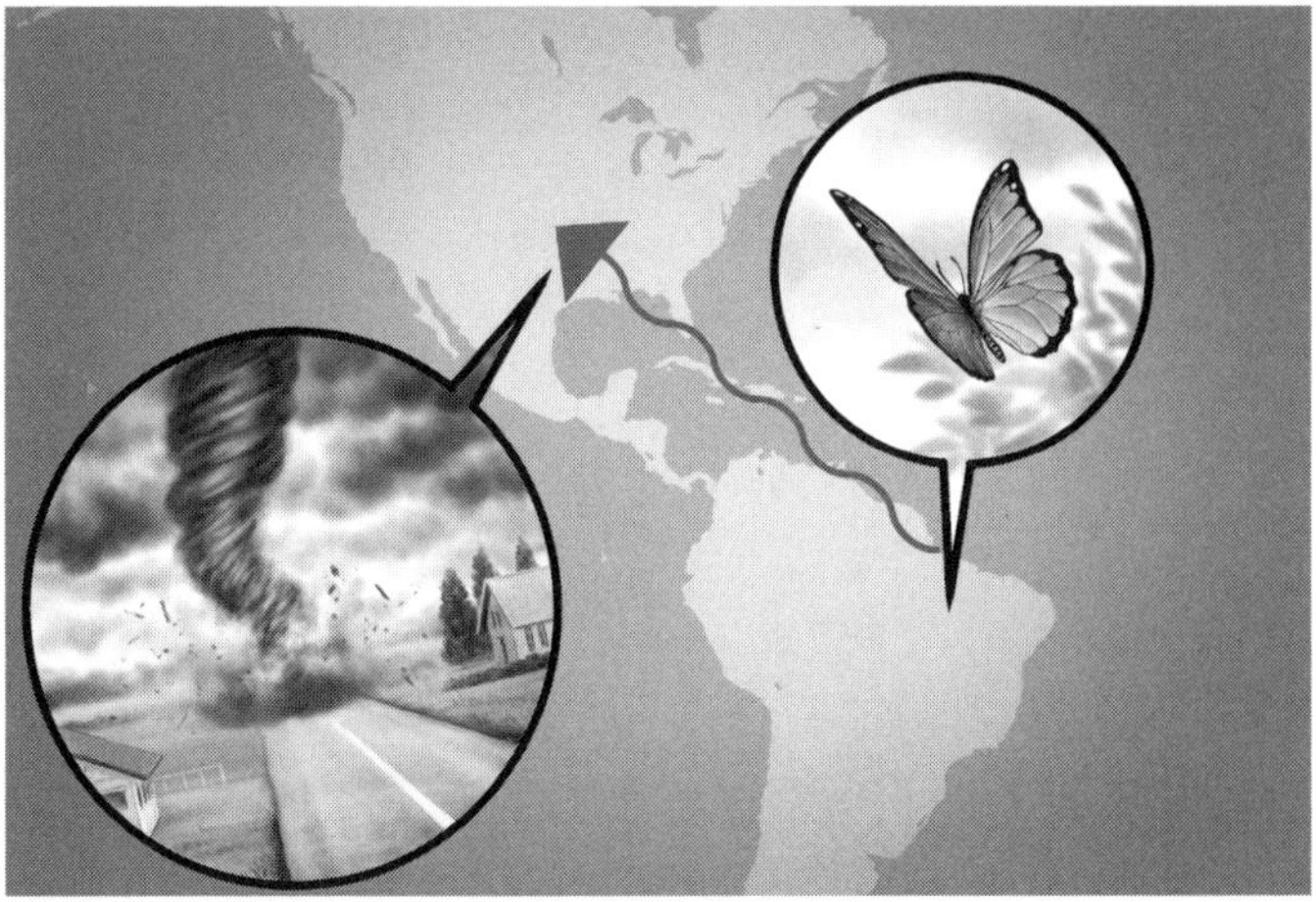

▲ローレンツの提唱した「バタフライ効果」のイメージ。発端は小さな出来事でも、複雑な過程をめぐりめぐって、大きな差につながる。

は、結果に影響を与えるほどのものではないはずでした。

のちに彼はこの現象を、「ブラジルで1羽の蝶が羽ばたくと、テキサスで竜巻が起きる」と表現しました。実際そういうことが起こるというわけではなく、**小さな差異が予想外に大きな違いを生む**ことをたとえた表現です。これを**バタフライ効果**といいます。

小さな差異を予想外の違いに拡大したのは、自然の中にある**不安定性**です。そんな不安定性の存在がわかったため、**未来を完全に予測することも不可能である**と判明しました。

こういったところから生まれたのが、「混《こん》沌《とん》」を意味する**カオス理論**です。自然現象だけでなく、交通や株価の変動などの分析にも応用が期待されています。

07

The crisis
and achievements
in 20th century

自然の複雑さに数学で迫る！
フラクタル幾何学

自然の複雑さをモデル化

カオス理論のところで見た自然の混沌は、雲や木や岩といった、複雑なものを作り出します。そういった形は、**ユークリッド幾何学**ではとうていとらえきれません。

たとえば、「宇宙から降下しながら海岸線を見ること」をイメージしてください。

最初は単純な線に見えても、近づくごとに複雑さが増していきます。視界の中で拡大するにつれて、**どこまでも入り組んだ構造が現れる**のです。これは、ユークリッド幾何学の

▼「フラクタル幾何学」を代表する図形「マンデルブロ集合」。拡大すると、全体と「相似」な細部が見えてくる。

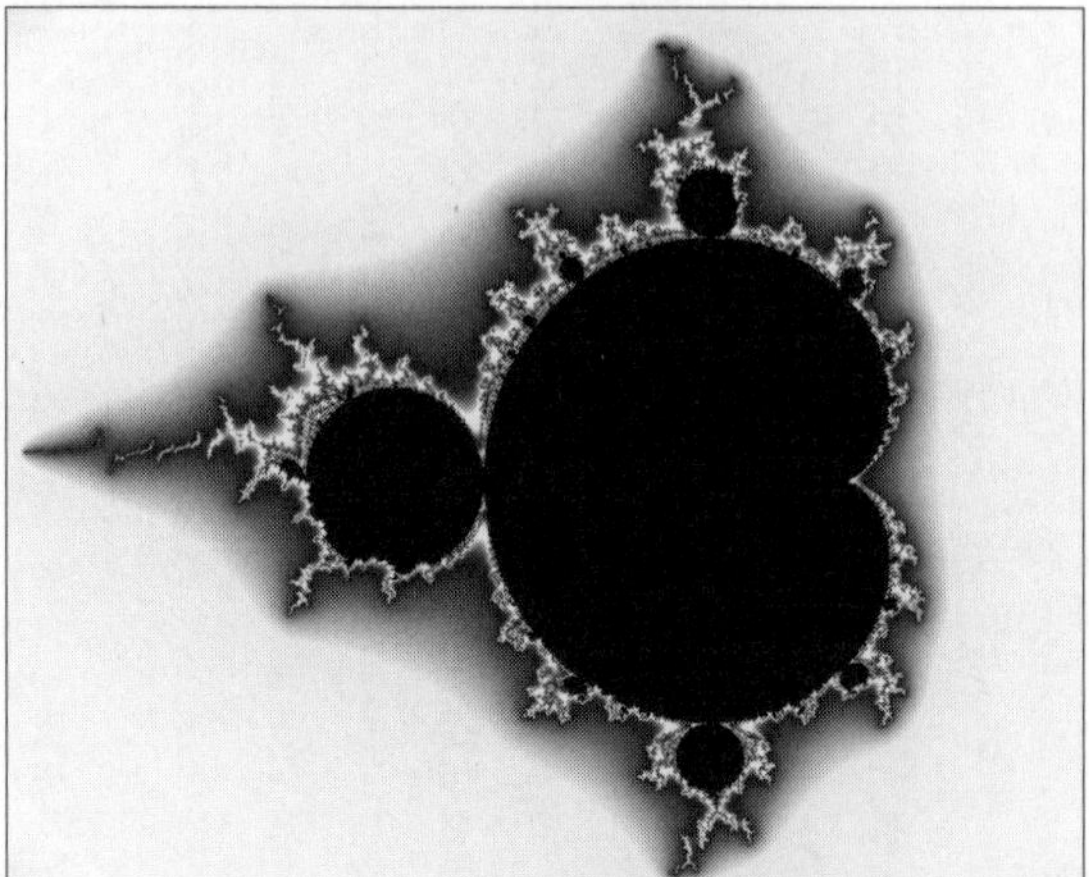

図形にはない特徴です。

そんな自然の複雑さを、何とか数学的にモデル化しようというところから考え出されたのが、**フラクタル幾何学**です。「フラクタル」とは、「分割されたもの」や「断片」といった意味です。

細部と全体の相似性

フラクタル図形の特徴は、**細部が全体と相《そう》似《じ》（サイズは違うけれど同じ形）になっている**ことです。

まず目に入るのは大きなパターンですが、拡大してその細部を覗くと、大きなパターンと同じパターンがくり返されています。

もちろん、本当の自然が完全にそのようにできているわけではありません。しかし、「細部が全体をくり返す」というふうにデザインすることによって、自然の複雑さにかなりの程度迫る数学的モデルを構築することができるのです。コンピューター・グラフィックスなどにも応用されています。

このような複雑な形に関する理論を一般化し、「フラクタル」と名づけたのは、フランスの数学者**ブノワ・マンデルブロ**（1924～2010年）です。

彼の研究した**マンデルブロ集合**（右図参照）は、フラクタル幾何学を代表する、非常に有名な図形です。拡大すれば拡大するほど複雑な細部が見えてきます。まるでアート作品のような図形です。

COLUMN 06

「インドの魔術師」ラマヌジャン

数学史に名を遺した数学者たちは天才ばかりですが、中でも異彩を放つ人がいます。インド出身の**シュリニヴァーサ・ラマヌジャン**（1887〜1920年）です。

南インドの田舎町に生まれた彼は、幼い頃から数学の才能を発揮していましたが、その勉強の仕方は独学でした。数学の公式集を手に入れ、そこに羅列《られつ》されている定理や公式を、独自のやり方で確かめていったのです。

そして、その過程で思いついた定理や公式を、ノートに書いていきました。彼はヨーロッパで行われているような数学の教育を受けていなかったので、その新しい定理や公式に、証明をつけませんでした。それどころか、どうしてそんな公式にたどり着いたのか、彼自身もうまく説明できなかったのです。本人は、「女神のおかげだ」と語っていたといいます。

彼はノートをもってイギリスに渡り、当時のイギリスを代表する数学者**ゴッドフレイ・ハーディ**（1877〜1947年）と共同研究を行うようになりました。ラマヌジャンの発見した定理を、ハーディが理詰めで証明する毎日です。しかし、ラマヌジャンは3年ほどで体調を崩してインドに帰り、そのまま亡くなってしまいました。

ラマヌジャンの死後も、彼のノートは研究され、人類に新しいアイデアをもたらしつづけています。彼がいなければ発見されなかったであろう定理も少なくないといいます。

第7章

科学と社会を支える数学

Contribution to science and the society

重力の理論を支えたのはリーマン幾何学だった！

相対性理論と数学

相対性理論とは何か

この章では、数学がほかの科学にどう役立てられているか、そして社会の中でどう利用されているかについて、面白い例を紹介していきます。

まず取り上げるのは、現代科学の基礎理論となっている**相対《そうたい》性理論《せいりろん》**です。ドイツ出身の物理学者**アルベルト・アインシュタイン**（1879〜1955年）によって発見されました。その内容をくわしくは知らなくても、名前を聞いたことがある人は多いのではないでしょうか。

▲アインシュタイン。

「相対性理論とはどういうものか」をひと言でいうと、「**時間と空間は絶対的なものではない**」ということを教えてくれる理論です。

私たちは日常的には、時間はどこでも「同じように」流れ、空間はどこまでも「同じように」広がっている、というふうに感じています。しかしじつは、**宇宙のあらゆる場所で時間の流れ方が違い、空間の広がり方も異なっている**のです。

$$R_{\mu\nu} - \frac{1}{2}Rg_{\mu\nu} + \Lambda g_{\mu\nu} = \frac{8\pi G}{c^4}T_{\mu\nu}$$

曲率テンソル（$R_{\mu\nu}$）
スカラー曲率（R）
計量テンソル（$g_{\mu\nu}$）
宇宙定数（Λ）
時空がもつ斥力または引力（$\Lambda g_{\mu\nu}$）
円周率（π）
重力定数（G）
光速（c）
エネルギー・運動量テンソル（$T_{\mu\nu}$）

左辺は時空のゆがみにかかわる

右辺はエネルギーや質量、速度にかかわる

▲一般相対性理論の「アインシュタイン方程式」。この式は、「エネルギーや質量や速度が、時空（時間と空間を合わせたもの）のゆがみを生む」ことを表す。

アインシュタイン方程式

相対性理論には、１９０５年に発表された**特殊《とくしゅ》相対性《そうたいせい》理論《りろん》**と、１９１５年に発表された**一般《いっぱん》相対性《そうたいせい》理論《りろん》**があります。後者のほうが一般的で、宇宙の法則を広くとらえた理論になっています。

上図は、一般相対性理論の中核をなす、**アインシュタイン方程式**です。難しそうに見えるかもしれませんが、イメージをつかむのはそんなに難しくありません。

この式の右辺は、**エネルギー**と**質量**（物質としての量）と**速度**を表しています。「何か物質があって、エネルギーをもったり動いたりしている」と思ってください。

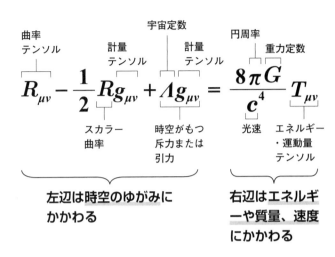

▲一般相対性理論の「アインシュタイン方程式」に含まれる、「質量をもつもののまわりでは、時空がゆがむ」という内容は、この図のようにイメージすればよい（4次元の時空を、2次元の平面として表現している）。

一方、この式の左辺は、1次元分の時間と3次元分の空間を合わせた、**4次元時空**のゆがみ方を表しています。

どういうことかというと、「**エネルギーや質量や速度をもつもののまわりでは、時空がゆがむ**」ということを、この式は示しているのです。物質が存在すると、その物質のもつエネルギーや質量、速度に応じて、まわりの時間の流れ方が変わり、空間が曲がるのです。

「時空のゆがみ」とは？

時空を、やわらかいゴム板のようなものとしてイメージしてください。このゴム板の上に、地球を置いてみます。地球はかなり大きな質量をもっているので、そのまわりでは、時空がまるでくぼみのようにゆがみます。

このくぼみのところに、たとえばリンゴを置いたら、穴に落ちるように地球のほうへ転がっていくでしょう。

これが**重力**です。私たちが「重力」と呼んでいるものは、時空のゆがみだったのです。一般相対性理論は、重力の理論として、現在の人類がもっている中で最高のものです。

時空がゆがんでいるところでは、空間が曲がっているだけでなく、**時間の流れ方が遅くなります**。信じられないかもしれませんが、たとえば非常に質量の大きい天体の近くでは、時間の進み方がゆっくりになるのです。地球上でも、低地と高い山の上を比べるとわずかに重力が違い、時間の流れ方も違っています。

ゆがみを表現できる数学

一般相対性理論には、**リーマン幾何学**（143ページ参照）が取り入れられています。

アインシュタインは、「時空がゆがむ」ということを発見したとき、「その**時空のゆがみを表現できる数学的手法**が必要だ」と思いました。そして友人の数学者からリーマン幾何学を教えてもらい、苦心の末にアインシュタイン方程式を編み出したのです。

ちなみに、アインシュタインから相対性理論について少し教わった**ヒルベルト**（164ページ参照）は、一般相対性理論が発表される直前、アインシュタイン方程式とほぼ同じ結論に到達しかけていたということです。

Contribution to science and the society

02

超ミクロの奇妙な世界をとらえる!!

量子論と数学

超ミクロの理論

相対性理論と並んで現在の科学の基礎理論となっているのが、**量子論**《りょうしろん》（**量子力学**《りょうしりきがく》）です。**量子**とは、**物質などを構成している**、**非常に小さな単位**のことだと思ってください。

量子論の世界は、だいたい**原子**《げんし》以下の超ミクロのスケールです。原子は「**原子核**《げんしかく》のまわりに**電子**《でんし》が分布する」という内部構造をもっています。原子核はさらに小さい**陽子**《ようし》と**中性**《ちゅうせい》**子**《し》に分けられ、陽子と中性子は**クォーク**という**素粒子**（最小単位）でできています。

▼「量子論」でなければ扱えない、「原子」以下の超ミクロの世界。

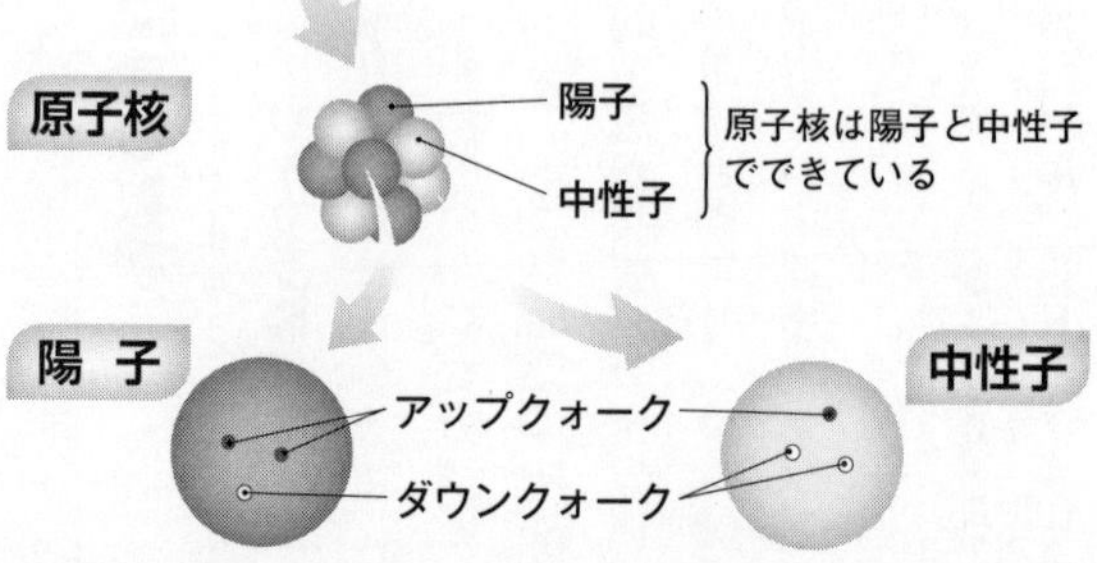
原子
電子
原子は原子核と電子でできている

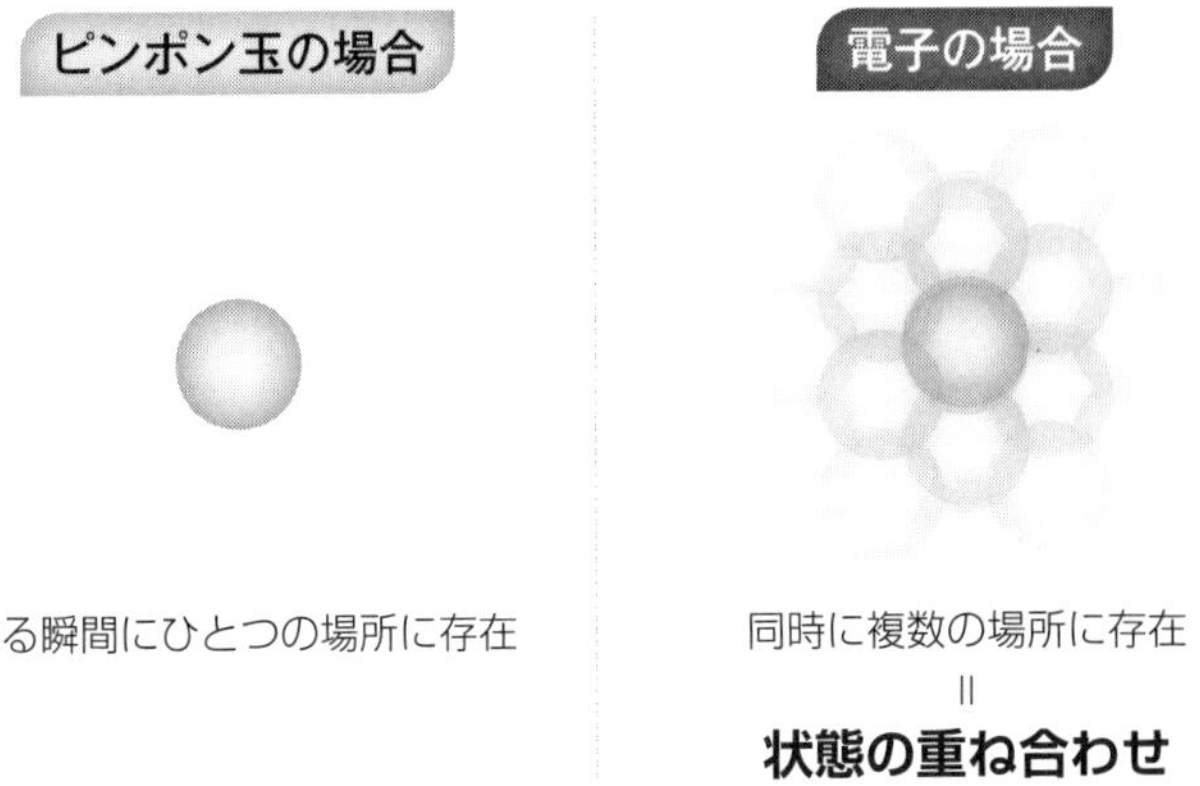

▲電子のような「量子」の仲間に特徴的なのが、「同時に複数の場所に存在する」としか解釈できないような「状態の重ね合わせ」の現象である（186 ページの図では、電子がひとつの場所に存在しているように表しているが、これはあくまで模式図である）。

量子の奇妙な性質

超ミクロの量子は、**私たちの日常的な常識を超えた、とても奇妙な性質**をもっています。

たとえば、私たちの目に見えるサイズのピンポン玉は、ある瞬間に、ひとつの場所に存在します。一方、代表的な量子である電子は、**「同時に複数の場所に存在する」としか解釈できない**ようなふるまいをするのです。

初めて聞く人には、とても信じられない話でしょうが、これは精密な実験と理論によって確かめられている、科学的な事実です。

この現象を、**状態の重ね合わせ**といいます。いろいろな場所にある状態が、重ね合わさっているのです。

行列 $A=\begin{pmatrix} a & b \\ c & d \end{pmatrix}$, $B=\begin{pmatrix} x & y \\ z & w \end{pmatrix}$ のとき,

$$A+B=\begin{pmatrix} a+x & b+y \\ c+z & d+w \end{pmatrix}$$

$$AB=\begin{pmatrix} ax+bz & ay+bw \\ cx+dz & cy+dw \end{pmatrix}$$

$$BA=\begin{pmatrix} ax+cy & bx+dy \\ az+cw & bz+dw \end{pmatrix}$$

かける順番によって結果が変わる

▲「行列」の計算の仕方。足し算は普通の数学と同様の感覚で行うが、かけ算は独特の手順で計算するため、かける順番が変わると結果が変わる。量子の世界は、このように「交換法則」が成り立たない数（「q 数」という）でできている。

行列力学

このような量子の動きをとらえるには、**独特の数学的手法が必要**でした。

ドイツの物理学者**ヴェルナー・ハイゼンベルク**（1901〜1976年）は、電子の奇妙なふるまいを数学的に記述するとき、「かける順番を変えると、結果が変わる」ようなかけ算が必要だと気づきました。

そこで彼は、**交換法則**（56ページ参照）が成り立たない**行列**《ぎょうれつ》という考え方を用いて、**行列力学**《ぎょうれつりきがく》と呼ばれる理論を構築しました。

▲ハイゼンベルク。

偏微分（ひとつの変数についての微分）を表す

虚数単位

波動関数

$$i\hbar\frac{\partial\psi}{\partial t}=-\frac{\hbar^2}{2m}\frac{\partial^2\psi}{\partial x^2}+U(x)\psi$$

ディラック定数　時間　粒子の質量　ポテンシャル

➡この方程式を解くと「電子の波」を表す波動関数ψがわかる

▲「シュレーディンガー方程式」。ここでは、左端に虚数単位iが出てくることに注目していただければよい。量子のとても奇妙な点として、「粒子としてふるまうこともあれば、波としてふるまうこともある」という性質がある。シュレーディンガーは、波としての側面を、「波動方程式」の形式でとらえた。

▼シュレーディンガー方程式

一方、オーストリア出身の物理学者**エルヴィン・シュレーディンガー**（1887〜1961年）は、波を表す**波動方程式**《はどうほうていしき》という形の方程式で電子をとらえました（**波動力学**《はどうりきがく》）。

このシュレーディンガー方程式には、**虚数単位i**が用いられています。量子の奇妙なあり方を記述するには、実数だけでは不足であり、**複素数を使う必要がある**のです。

行列力学と波動力学は、**数学的には等しい価値をもつことがわかって**います。

▲シュレーディンガー。

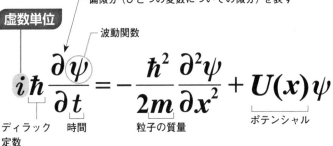

03

Contribution to science and the society

「状態の重ね合わせ」を利用して計算する

量子コンピューターの原理

基本単位ビット

量子力学を利用した新しいテクノロジーとして、**量子コンピューター**の可能性が注目されています。

コンピューターが**2進法**で計算を行っていることは、第1章で述べました（24ページ参照）。「電気を流す」と「流さない」が「1」と「0」を表し、このセットが基本単位である**ビット**となっています。コンピューターは、膨大な数のビットを連動させて、2進法で計算を行います。

量子ビットとは何か

量子コンピューターではこの基本単位に、**量子ビット**と呼ばれるものを用います。それは、**状態の重ね合わせ**の原理（187ページ参照）を利用するビットです。

状態の重ね合わせとは、「同時に複数の場所に存在する」ということでした。これをヒントにして、**同時に「1」であり「0」でもあるようなビット**を考えるわけです。つまり、**「1を表す状態」と「0を表す状態」が重ね合わさったようなビット**です。

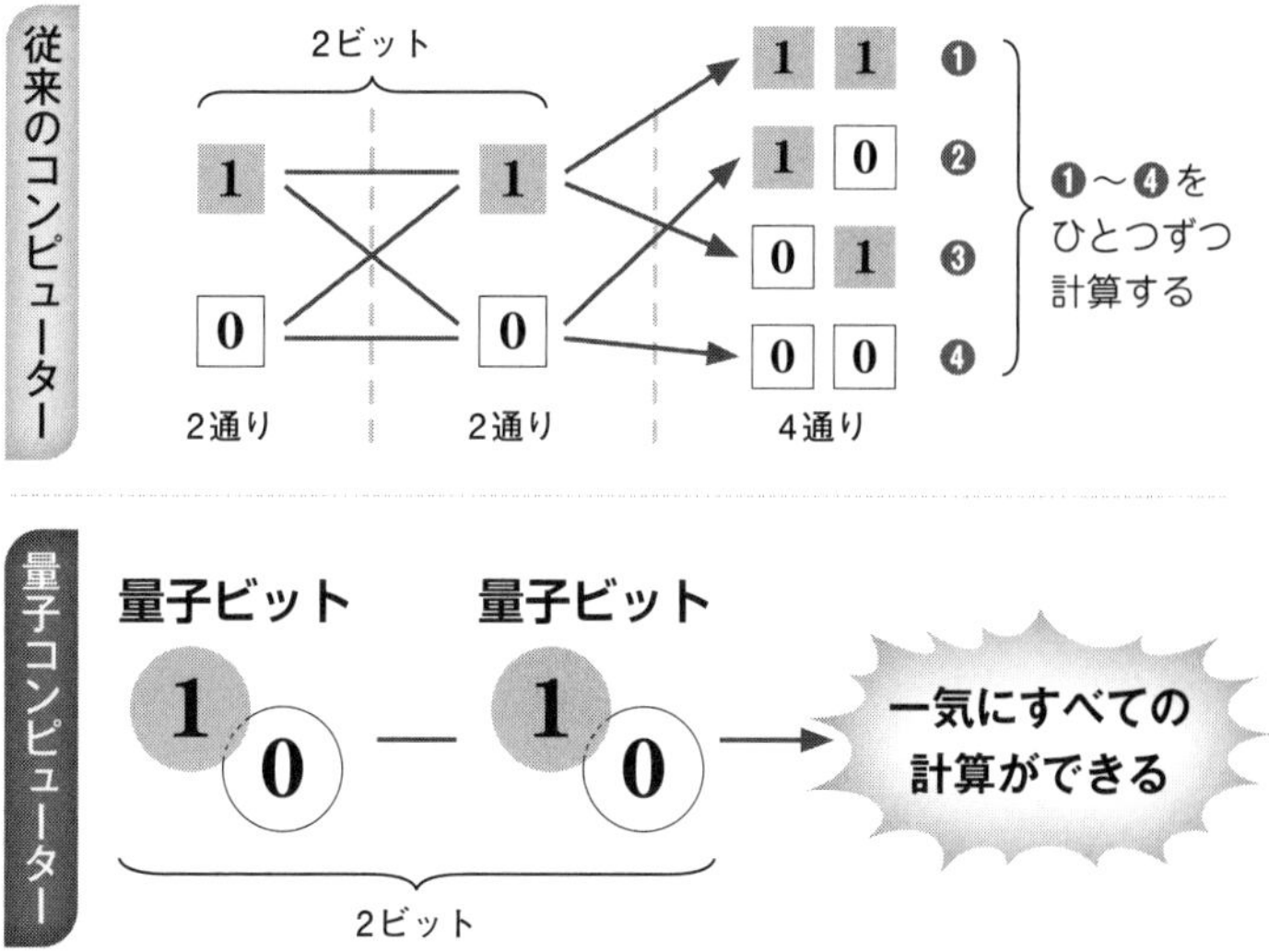

▲「量子コンピューター」は、「状態の重ね合わせ」の原理を利用して、多くの計算を一気に行う。

複数のビットが組み合わさった情報処理（計算）を行うとき、従来のコンピューターでは、一度に1通りの組み合わせしか計算できません。一方、量子コンピューターは、「1」と「0」を同時に表す量子ビットを利用するため、理論的には、すべての組み合わせを同時に計算することができます。

ただし、一気に導き出された多数の結果には、役に立たないものも多く含まれています。有用な結果にしぼり込むには、**量子アルゴリズム**と呼ばれる特別な工夫が必要です。

また、量子ビットには、「状態の重ね合わせの現象が起こるような、量子的な何か」を利用する必要があります。いくつかの候補がありますが、どれも扱いが非常に難しく、ビット数を増やせないでいるのが現状です。

04
Contribution to science and the society

ＡＩを飛躍させたディープラーニング

人工知能はどのように「考えている」のか？

機械学習とディープラーニング

ＡＩ（人工知能）は、非常に大きな社会的関心を集めているテクノロジーです。「ＡＩ」とはとりあえず、**人間がコンピューターを使って作り出した「知能」**のことだといえます。

「コンピューターを使って知能を作り出す」という研究のひとつの方法として、**機械学習《きかいがくしゅう》（マシンラーニング）**があります。

これは、データをコンピューターに与えて、「このデータを分析してね。分析の仕方は、いい方法を自分で見つけてね」と任せることです。もちろん、ただ任せてもやってもらえないので、やってもらえるようなコンピューターを作るのです。

「データ分析の方法を自分で学習できるコンピューター」ができたら、ある程度の「知能」をもつといえるでしょう。ですから機械学習は、ＡＩ研究の一部だといえるわけです。

そして、機械学習の中のひとつの方法に、**ディープラーニング（深層学習《しんそうがくしゅう》）**というものがあります。

現在「ＡＩ」というとき、そのほとんどはディープラーニングを意味します。２０１０

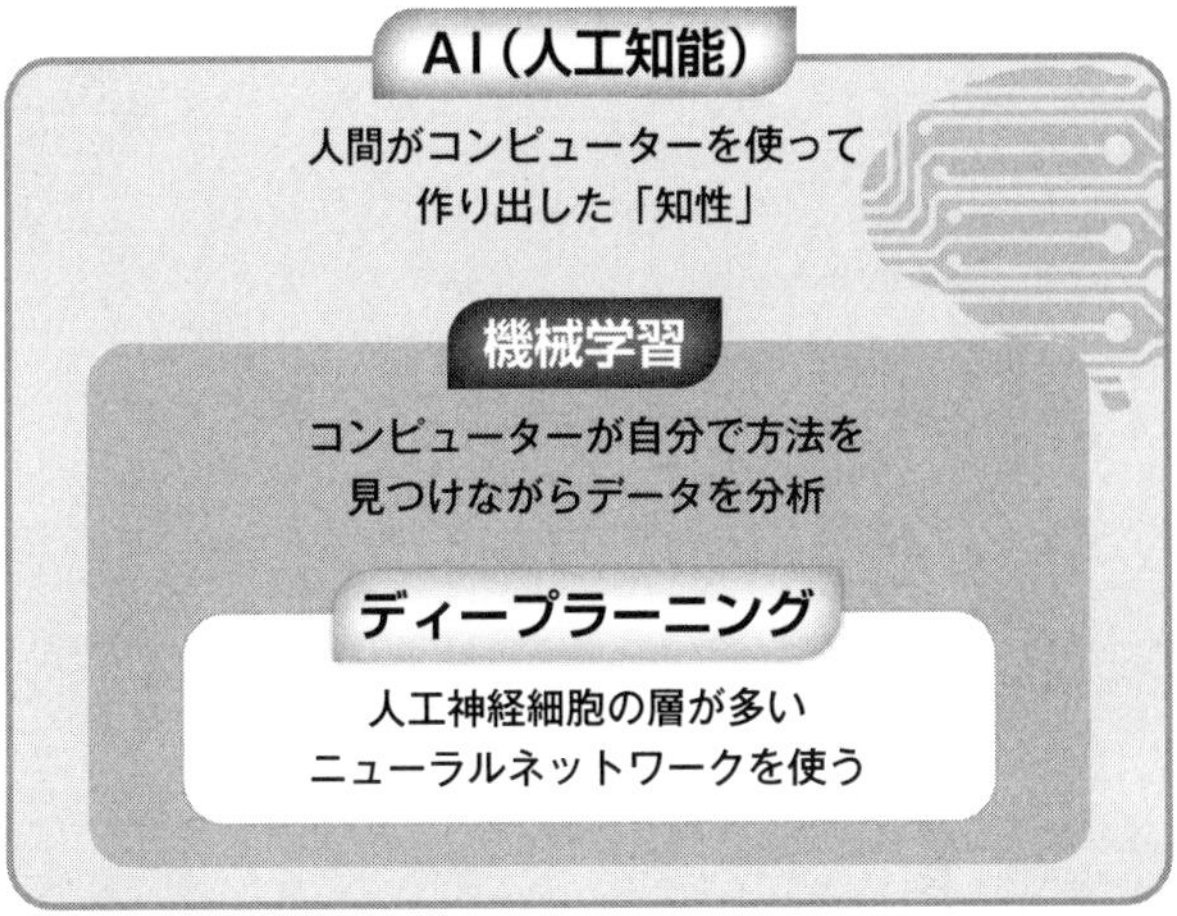
AI（人工知能）
人間がコンピューターを使って
作り出した「知性」
機械学習
コンピューターが自分で方法を
見つけながらデータを分析
ディープラーニング
人工神経細胞の層が多い
ニューラルネットワークを使う

▲ AI研究の一部に「機械学習」があり、さらにその中のひとつの方法として「ディープラーニング（深層学習）」がある。

年代からＡＩがブームになっているのは、ディープラーニングの信頼性が高まり、ＡＩに使えるようになってきたからです。

ニューラルネットワークの仕組み

ディープラーニングを理解するには、**ニューラルネットワーク**というものを理解する必要があります。

これは機械学習のために用いられるシステムで、「ニューラル」は人間の脳の**神経細胞**《しんけいさいぼう》**（ニューロン）**から派生した言葉です。

神経細胞は脳の中でネットワークを形成しており、そのネットワークの中で情報が伝達されることが、思考をはじめとした私たちの脳の活動です。

神経細胞は、いくつかの別の神経細胞から情報が**入力**されると、その組み合わせに応じて、情報を**出力**したりしなかったりします。「この脳の仕組みを数学的にマネすれば、AIを作れるのではないか」ということで、ニューラルネットワークは作られました。

左図のように、人工的な神経細胞を何層か重ねたものが、ニューラルネットワークです。

まず、端の**入力層**にデータを入力します。これはいわば「問題」です。データはこのネットワークの内部を通って計算され、**出力層**から「回答」が出力されます。

今、このニューラルネットワークに、動物の種類を見分けることを「学習」させたいとしましょう。

その場合、たとえば動物の画像のデータを「これはネコ」「これはサル」といった「正解」とともに、大量に与えます。するとニューラルネットワークは、「正解」を出力できるように、自分《ネットワーク》の中を自分で調整していきます。

その調整は、**重みづけ**として行われます。「どの特徴を重視すると、正解に合致しやすいか」を学んで、「どこをどれだけ重視するか」を数量的に調整するのです。

この「学習」がうまくいけば、新しい画像を見せられたとき、「正解」を知らなくても正しく答えられるでしょう。

そしてこのようなニューラルネットワークによる機械学習の中でも、**神経細胞の層が多いもの**が、ディープラーニングと呼ばれます。

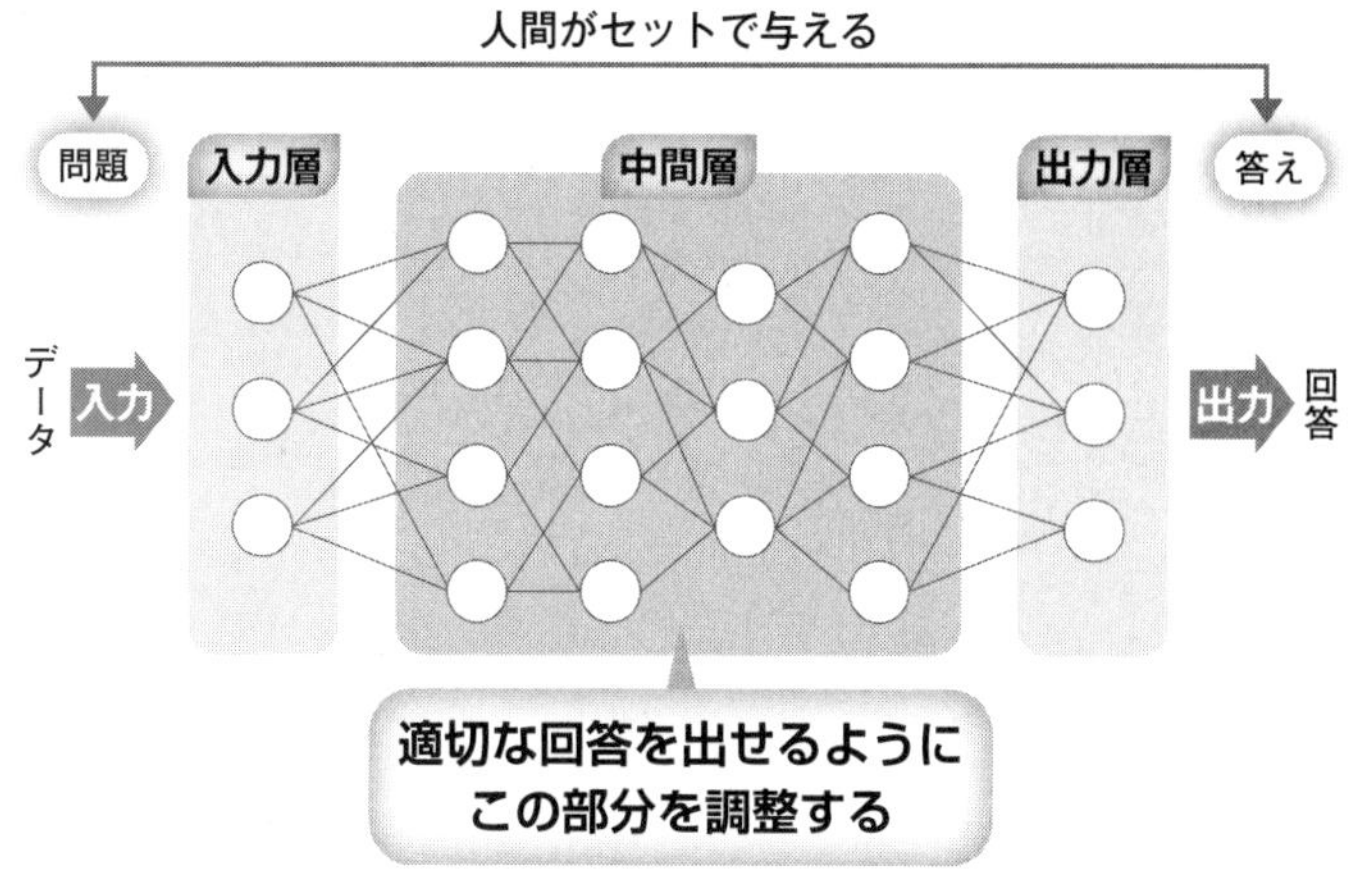

▲「ニューラルネットワーク」の基本的な仕組み。「入力」に対して最適な「出力」を返せるように、コンピューター自身がネットワークの内部を調整するのが、ニューラルネットワークによる「機械学習」である。中でも、「人工神経細胞」の層が多くなっている場合を「ディープラーニング（深層学習）」という。

統計的な信頼性

ディープラーニングによるＡＩは、何かの論理に従って考えているというわけではありません。

学習を通して「ニューラルネットワークをこれくらいに調整しておけば、高い確率で正解を出せる」という**統計**的なさじ加減を見いだし、新しいデータをそれに当てはめているのです。その判断の信頼性も、論理的な正しさではなく、統計的な妥当性によるものです。

そして、ディープラーニングが近年、ＡＩの原理として信頼性を高めてきたのは、**インターネットの普及により、大量のデータが手に入るようになったから**です。

05

Contribution to science and the society

戦略を分析するゲーム理論

ポーカーの分析から経済・政治・戦争まで

戦略的な意思決定

フォン・ノイマン（175ページ参照）の膨大な業績の中に、**ゲーム理論**の確立があります。

ゲーム理論とは、さまざまな「ゲーム」について、最適な戦略を探したり、だれかが取っている戦略を分析したりする理論です。

フォン・ノイマンはポーカーの分析から研究を始めましたが、経済、経営、政治、戦争など、**戦略的な意思決定**が行われるあらゆる分野に応用されます。

囚人のジレンマ

ゲーム理論の有名な話に、**囚人《しゅうじん》のジレンマ**というものがあります。数学的思考で人間心理の真実に迫る、面白い話なので、ぜひ当事者になったつもりで考えてみてください。

共犯のふたりの容疑者が警察に捕まり、別々に尋問されています。

もしふたりとも黙秘を通したら、証拠不十分で、軽い罪に対する軽い刑罰しか要求されず、ふたりとも1年の禁固刑ですみます。

しかしここで警察官が、「片方だけが自白

	自白する	自白しない
自白する	AもBも禁固4年	Bのみ禁固5年
自白しない	Aのみ禁固5年	AもBも禁固1年

▲ゲーム理論の代表的な例「囚人のジレンマ」。互いに、最善の選択肢を取って利益を最大化し、損失を最小化しようとした結果、ふたりの合計としてはあまり望ましくない選択をしてしまう。

したら、自白したほうは無罪にしよう。自白しなかったほうは5年の禁固刑だ」と司法取引をもちかけました。

さらに「ふたりとも自白したら、ふたりとも4年の禁固刑にしよう」ともいっています。この場合、「ふたりの合計損失が一番少ない選択」は、ふたりとも黙秘して1年ずつの禁固刑ですませることです。

しかし、相談することができないふたりは、それぞれ「もし相手が自白した場合、オレが黙秘したら5年の禁固になる。でも、オレも自白したら4年ですむ。そのうえ、もし相手が黙秘してオレだけ自白したら無罪になるんだから、どちらにしても自白したほうが得だ」と考えます。そして、両方が自白し、合計損失が最大になってしまうのです。

06

Contribution to science and the society

かけ算だけでその数がわかる？

宇宙人を探すための方程式

地球外知的生命体

数学は、地球上での生活に役立つだけではありません。宇宙に思いをはせるきっかけも与えてくれます。

たとえば、宇宙に知的文明をもつ「宇宙人」はいるのでしょうか？　私たちは、そんな相手とコンタクトを取れるのでしょうか？

そんな夢想を抱いている方に、ぜひ知っていただきたい方程式があります。**ドレイクの方程式**です。

アメリカの天文学者**フランク・ドレイク**（1930年〜）は1960年、世界で初めての**地《ち》球《きゅう》外《がい》知《ち》的《てき》生《せい》命《めい》体《たい》探《たん》査《さ》**として、アメリカ国立電波天文台のパラボラアンテナを利用して、宇宙文明から発せられた電波を探す**オズマ計画**を始めました。そしてその翌年、銀河系内に存在する交信可能な知的文明の数を割り出す、左図のような方程式を発表したのです。

銀河系の中にどれだけいるのか

ドレイクはこの方程式の各項に、妥当と思

$$N = R_* \times f_p \times n_e \times f_l \times f_i \times f_c \times L$$

N　：銀河系に存在する電波交信技術をもった文明の数

R_*：銀河系で1年間に誕生する恒星の数

f_p　：ひとつの恒星が惑星をもつ確率

n_e　：ひとつの恒星がもつ生命に適した惑星の平均数

f_l　：生命に適した惑星で実際に生命が発生する確率

f_i　：発生した生命が知的レベルまで進化する確率

f_c　：知的レベルに達した生命が星間交信を行う確率

L　：交信を行う文明の存続期間

▲「ドレイクの方程式」。銀河系の中で交信できる知的文明の数（N）が、単純なかけ算で表されている。

われる値を入れていきました。

まず、銀河系で年平均10個の恒星が誕生するとします（$R_* = 10$）。次に、全恒星のうち半数が惑星をもつとします（$f_p = 0.5$）。

惑星をもつ恒星は、生命が誕生可能な惑星をふたつもつとして（$n_e = 2$）、生命が誕生可能な惑星では、100パーセント生命が誕生すると考えます（$f_l = 1$）。

さらに、生命が誕生した惑星の1パーセントで、知的文明が成立（$f_i = 0.01$）。その中の1パーセントで、惑星間での交信が可能になります（$f_c = 0.01$）。

そして、通信可能な文明は1万年間存続するとしたら（$L = 10000$）、私たちが交信できる可能性のある銀河系の知的文明の数は、10個という数値が導かれるのです。

COLUMN 07

優しい「変人」エルデシュ

数学の「天才」というと、ちょっと常人には理解できないようなことを一年中考えていて、変わった人も多いのではないか、というイメージをもつ方もいるかもしれません。

実際は、どんな専門家でもそうですが、数学の天才も普通の日常生活を送っています。「変わった人」の割合が特に多いわけではないようです。

ただ、中にはやはり極端な人もいます。ハンガリー出身の数学者**ポール・エルデシュ**（1913〜1996年）は、家ももたず、財産ももたず、ちょっとした荷物だけで世界中を渡り歩いていました。各地の数学者の家を突然訪問して、「君の頭は今、営業中かい？」と問いかけ、一緒に共同研究を始めるのです。

彼はそんなスタイルで、500人近い数学者たちと、1500もの論文を書きました。その論文数は、**オイラー**に次いで史上2位だということです。

彼は人並外れて優しい心のもち主でもありました。有望な高校生の噂を聞くと、その高校生に1000ドルの援助を行い、10年後に「利子つきで返済します」との申し出を受けたとき、受け取りを断って「その1000ドルで、私がしたように、若い数学者を援助しなさい」といったということです。

第8章

最前線の数学と未解決問題

01

The front line of mathematics

350年以上にわたる壮大なドラマ
フェルマーの最終定理

ドラマの幕開け

この章では、数学の最前線に迫っていきます。まずは、数学史上最もエキサイティングなドラマを生んだ、通称**フェルマーの最終定理**を紹介しましょう。

17世紀、**フェルマー**が『算術』という本に下のような内容の書き込みを残したことは、すでに述べました（95ページ参照）。フェルマーはそこに次のようなメモを添えています。「私はこの命題の真に驚くべき証明をもっているが、余白がせますぎるのでここに記すこ

▼「フェルマーの最終定理」。フェルマー自身、これを証明できていたとは思えないが、のちの数学者たちがこの問題に取り組んだことが、数学を発展させた。

3 以上の自然数 n に対して

$$x^n + y^n = z^n$$

を満たす自然数の組（x, y, z）は存在しない。

とはできない」

　つまりフェルマーは「証明した」といっているのです。証明された命題は**定理**と呼ばれます。「本当に証明できるのか」が確かめられないうちから、この命題は「フェルマーの最終定理」と呼ばれるようになりました。

　この命題は、とてもシンプルに見えます。よく見ると、**三平方の定理**（67ページ参照）と同じ形です。三平方の定理では、それぞれの項の右肩に乗っている指数が２で、「$a^2+b^2=c^2$」が成立しますが、指数が「３以上の自然数」になると成立しなくなる、ということをいっているのです。

　一見、簡単そうなこの命題を証明しようと、アマチュアも含めて多くの数学者・数学好きたちが挑戦しました。

数学者たちの戦い

　しかし、だれが取り組んでも、この命題は証明される気配もありませんでした。

　最初に一歩進んだのは約１００年後、あの**オイラー**です。フェルマーが遺した「nが４の場合」の概略のメモを頼りに、**虚数**まで導入して、オイラーは何とか「nが３の場合」を証明しました。

　次に大きな成果をあげたのは、フランスの数学者**ソフィー・ジェルマン**（１７７６～１８３１年）です。女性が大学で数学を研究することができなかった時代、彼女は独学で、**ガウス**からも一目置かれるほどの研究を行いました。彼女が見つけた証明のための道筋は、ほかの数学者たちの指針になりました。

しかしそれ以降、多くの才能ある数学者が、フェルマーの最終定理を証明するために大事な年月を費やし、敗れ去っていきました。有望な若手の可能性をつぶさないため、「フェルマーの最終定理には手を出すな」とまでいわれるようになったのです。

谷山・志村予想

1980年代、事態が大きく動きました。ドイツの数学者**ゲルハルト・フライ**（1944年～）が、「**谷山《たにやま》・志村予想《しむらよそう》**を証明できれば、フェルマーの最終定理が証明できたことになるのではないか」と予想したのです。


谷山・志村予想とは、日本の数学者**谷山豊《たにやまゆたか》**（1927～1958年）と**志村五郎《しむらごろう》**（1930～2019年）が発表した理論です。くわしい説明は割愛しますが、**楕円曲線**と**モジュラー形式**という、まったく関係なさそうなふたつのものについて、谷山らは「じつは同じものなのではないか」と予想しました。

この予想自体、フェルマーの最終定理とは、まったく関係なさそうに見えます。しかし、「谷山・志村予想を証明すれば、フェルマーの最終定理の証明にもなるだろう」というフライの予想は、アメリカの数学者**ケン・リベット**（1947年～）によって、正しいと証明されました。驚くべきことに、17世紀にフェルマーが発見した命題は、20世紀における異分野の数学とつながっていたのです。

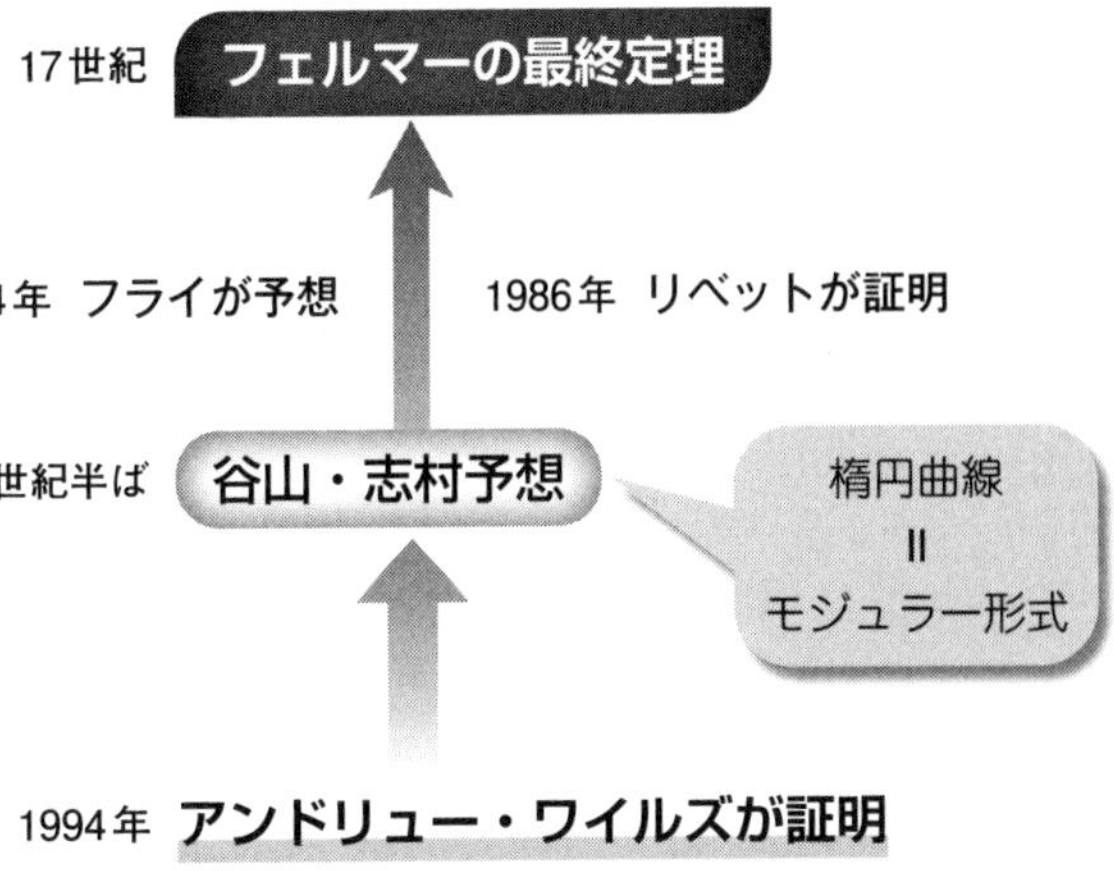

▲ゲーデルの「不完全性定理」（168ページ参照）が発表されると、少なからぬ数学者が、「フェルマーの最終定理は、証明が不可能な命題なのではないか？」という恐れを抱いた。しかし、1993年にワイルズが「谷村・志村予想」を用いた証明を発表。翌年には誤りを修正し、解決が認められた。

現代数学のすべてを賭けて

フライの予想が証明されたのを受けて、イギリスの数学者**アンドリュー・ワイルズ**（１９５３年〜）は、「いよいよ、フェルマーの最終定理の証明に取りかかろう」と決意しました。彼は10歳のときから、「自分がこれを証明する」と心に誓っていたのです。

ワイルズは7年間、秘密の研究を続け、最先端のさまざまな理論を吸収しました。そして現代数学のすべてを投入して、１９９３年、谷村・志村予想を使った証明を発表したのです。その証明には欠陥が見つかりましたが、１９９４年に修正され、３５０年以上のドラマに終止符が打たれたのでした。

The front line of mathematics

02

現代数学の最も重要な未解決問題

ミレニアム懸賞問題

宇宙に秘められた真実

フェルマーの最終定理は、350年の時を経て「正しい」と証明されましたが、まだ証明されていない予想や、答えのわかっていない問題など、「未解決問題」はほかにもたくさんあります。世界中の数学者たちは、そのような問題を解決するために、日々研究に打ち込んでいます。

「それがわかったからといって、何になるの？」といわれることもあるようですが、数学の分野は、離れていても思わぬ形でつながることがあります（フェルマーの最終定理にもそういう例が出てきました）。研究に「役に立たない」ということはないのです。

そして何より、宇宙に秘められた真実を究明することは、それ自体がすばらしいことではないでしょうか。

7つの未解決問題

2000年、**ヒルベルトの23の問題**（165ページ参照）の100周年を記念して、**ミレニアム懸賞《けんしょう》問題**というものが発表されまし

❶ ヤン－ミルズ方程式と質量ギャップ問題 量子論・素粒子論についての問題。
❷ リーマン予想 ゼータ関数についての問題。素数にかかわる。
❸ P≠NP問題 計算機科学（コンピューター）の問題。
❹ ナビエ－ストークス方程式の解の存在となめらかさ 流体力学の重要な方程式についての問題。
❺ ホッジ予想 代数幾何学（代数的な手法を使う幾何学）の問題。
❻ ポアンカレ予想 トポロジー（170ページ参照）の問題。2006年に解決。
❼ バーチ－スウィンナートン＝ダイアー予想 数論の問題。

▲7つの「ミレニアム懸賞問題」と、それぞれの関連事項。

た。アメリカの**クレイ数学研究所**が、当時のあらゆる分野の未解決問題から、最も重要なものを7つ選び、賞金をつけたのです。賞金は、1問につき100万ドルです。

どの問題も、「問題が何をいっているのか」を理解するのも簡単ではありません。そして実際、現在までに解決されているのは、次のページから解説する**ポアンカレ予想**だけです。

たとえば**リーマン予想**は、ヒルベルトの23の問題にも含まれていました。**リーマン**（143ページ参照）の考案した**ゼータ関数**という関数についての予想であり、「**素数はどう分布しているのか**」を解き明かすカギにもなると期待されています。素数は**インターネットのセキュリティの暗号**にも使われており、私たちの生活にも直結する問題だといえます。

03
The front line of mathematics

宇宙の形も調べられるか？

100年の難問　ポアンカレ予想

▼ポアンカレ予想の主張

ミレニアム懸賞問題のひとつ**ポアンカレ予想**は、**トポロジー**（170ページ参照）に関する予想です。その名称のとおり、トポロジーの考案者**ポアンカレ**によって、1904年に発表されました。

その予想の内容は次のようなものです。

「**単連結《たんれんけつ》な3次元閉多様体《へいたようたい》は、3次元球面に同相である**」

専門用語が続出していて、このままではわからないと思います。よく使われているたとえを使って、思いきり噛み砕き、おおまかなイメージをお伝えしましょう。

とりあえず、**単連結**とは、「穴があいていない」ということです。**閉多様体**とは、有限な形のことだと思ってください。

「3次元閉多様体」と「3次元球面」はそのままではイメージが難しいので、まずはひとつ次元を落として、2次元で説明します。

▼まずは2次元で考える

ちょっと突飛な仮定ですが、あなたは重力

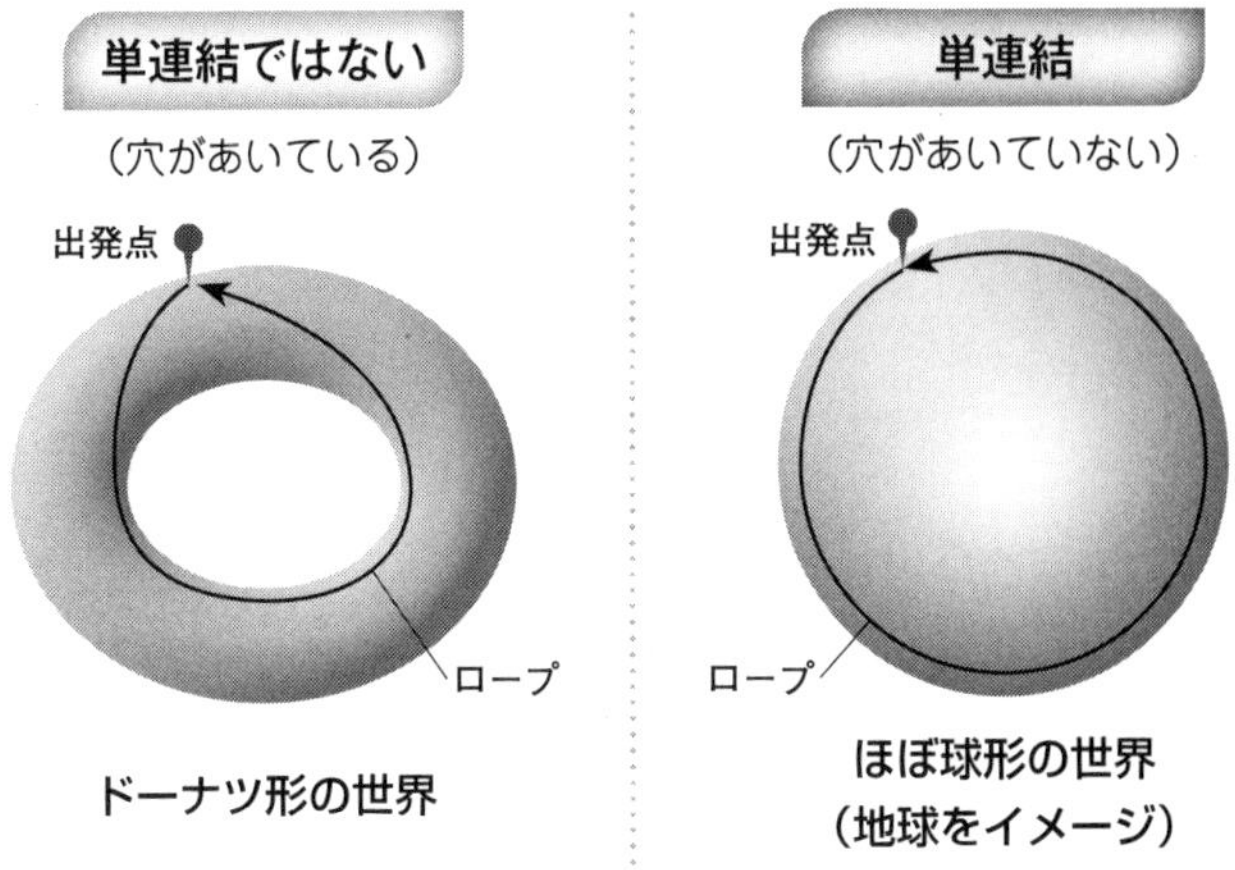

▲「単連結」ではない図形の場合、ひとめぐりさせたロープの両端をもってたぐり寄せると、ロープは「穴」に引っかかり、回収できない。一方、「単連結」の図形をひとめぐりさせたロープは、両端をもってたぐり寄せると、すべて回収することができる。これは、「穴があいているか、あいていないか」の違いであり、トポロジー的な相違である。

の強すぎる「世界」に住んでいて、その「世界」の表面を、2次元的に動くことしかできない、ということにします。地面から離れられず、宇宙へ飛び出すこともできず、自分のいる「世界」がどんな形なのかも知りません。

そんなあなたが、ものすごく長いロープをもって、「世界」の形を調べる旅に出ます。どうするかというと、まず、出発点の地面に、杭《くい》でロープの片方の端を固定します。そしてもう一方の端をもち、2次元的に移動できる「世界」をひと回りして戻ってくるのです。

そして、杭のところでロープの両端を手に取り、「世界」にめぐらされた長いロープを、手もとに引き寄せます。ロープも2次元的にしか動けないロープで、ズルズルと地面に沿ってしか引き寄せられないものとします。

もし「世界」が穴のあいたドーナツ形だったら、前ページの図のように、途中でまん中の穴に「引っかかる」ような感じになります。ロープは地面から離れられないので、穴を飛び越すことができません。したがって、ロープを全部回収することは不可能です。

しかし、「世界」に穴があいていなかったら、ロープは全部手もとに回収できます。そしてそんな「世界」は、トポロジー的には、「丸いもの」と**同相**である（粘土のようにこねれば互いに移行できる）といえます。

たとえば地球は完全な球形ではありませんが、同じことをやってみると、ロープを回収できます（表面の凸凹に引っかかる、とかは考えないでください）。そして地球の形は、トポロジー的には、完全な球形と同相です。

3次元で理解する

この話を**2次元から3次元にする**ため、ひとつ次元を上げて、地球ではなく**宇宙**を考えます。以前は地表を2次元的にしか移動できなかったあなたですが、今はロケットで宇宙を3次元的に移動できるようになりました。

あなたはまた「宇宙の形を調べよう」と、出発点にロープの片方の端をくっつけ、3次元の閉多様体である宇宙をひとめぐりします。

戻ってきたあなたが両方の端をもってロープをたぐり寄せたとき、全部回収できるなら、その宇宙は単連結です。そしてそんな宇宙は、「丸いもの」と同相、つまり、トポロジー的には「同じ形」だとみなせるのです。

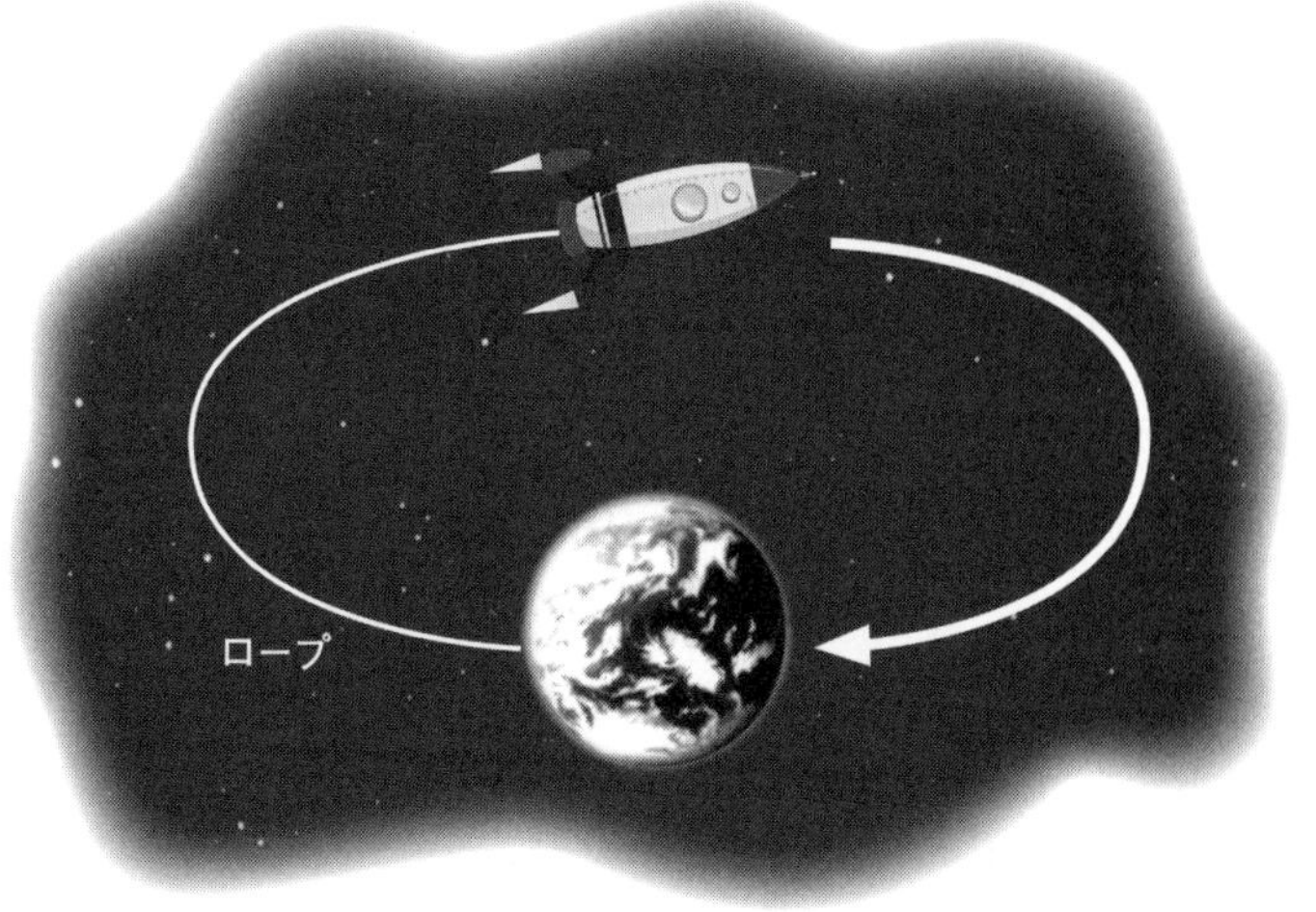

▲「ポアンカレ予想」を「宇宙の形」の問題としてイメージしてみる。私たちは宇宙の形を「宇宙の外」から見ることはできないが、「単連結」であることがわかったら、「丸いものと同相である」と判断することができる。

ペレルマンの証明

宇宙の形の調べ方にもつながるような、壮大なこの予想は、発表から100年の間、証明されることはありませんでした。

しかし2002年、ロシアの数学者**グレゴリー・ペレルマン**（1966年～）が、トポロジーとは違う分野の理論をいくつも組み合わせてこれを証明しました。その論文は専門誌ではなくインターネット上のサイトに投稿され、2006年に正しいと認められました。

ただ、名誉や富に関心のない彼は、「数学のノーベル賞」とも呼ばれる**フィールズ賞**も、懸賞金も辞退しました。彼は今も、ほぼ世間から姿を隠して生活しています。

04

The front line of mathematics

桁外れの新理論が難問を解決した!!

ABC予想とIUT理論

▼重要な未解決問題

ミレニアム懸賞問題には含まれていないものの、現代数学において非常に重要視されている問題があります。1985年にイギリスの数学者**デヴィッド・マッサー**（1948年〜）とフランスの数学者**ジョセフ・オェステルレ**（1954年〜）によって発表された、**ABC予想**です。

その内容は下図のとおりです。やや込み入っていますが、とても面白い話なので、例も使って少し説明させてください。

▼「ABC 予想」の内容。じつは「ABC 予想」には「強い ABC 予想」と「弱い ABC 予想」の2種類があるが、ここでは、望月新一によって証明されたとされる「弱い ABC 予想」のほうを紹介する。

$$a + b = c$$

を満たす互いに素な自然数の組（a, b, c）に対し，

$$d = \mathrm{rad}\,(abc)$$

とする。このとき，任意の正の実数 ε に対し，

$$c > d^{1+\varepsilon}$$

を満たす組（a, b, c）は，有限個しか存在しない。

❶ $(a, b, c) = (4, 9, 13)$ のとき，

$$d = \mathrm{rad}(4 \times 9 \times 13)$$
$$= \mathrm{rad}(2^2 \times 3^2 \times 13)$$
$$= 2 \times 3 \times 13$$
$$= 78$$

このとき，$c = 13$，$d = 78$ なので，

$$c < d$$

こうなるケースが多い

❷ $(a, b, c) = (5, 27, 32)$ のとき，

$$d = \mathrm{rad}(5 \times 27 \times 32)$$
$$= \mathrm{rad}(5 \times 3^3 \times 2^5)$$
$$= 5 \times 3 \times 2$$
$$= 30$$

このとき，$c = 32$，$d = 30$ なので，

$$c > d$$

こうなるケースはまれ

▲「ABC 予想」の内容を理解するため、(a, b, c) の組の例をふたつ見てみる。d のほうが小さくなるケースは少ないことから、d よりも大きい「$d^{1+\varepsilon}$」が c よりも小さくなるケースは、もっと少ないだろうと予想される。

ABC予想を確かめてみる

互いに素《そ》とは、「(正の)公約数が(1以外)ない」ということです。たとえば❶(4,9,13)や❷(5,27,32)は互いに素です。

「rad」(**根基《こんき》**)は見慣れないと思いますが、**素因数分解**(36ページ参照)したうえで、すべての素数の指数を1にした数のことです。上図のとおり、❶では「$d = 78$」、❷では「$d = 30$」となります。

調べていくと、ほとんどの場合、❶のようにcよりもdのほうが大きくなります(ぜひ確かめてみてください)。❷のようにdのほうが小さくなるケースはまれです。

そして、正の数εを使ってdを「$1+\varepsilon$」

乗した数は、dよりも大きくなります。したがって、この数がcより小さくなるケースはさらに珍しく、無限には存在しないのではないか、というのがＡＢＣ予想の内容です。

望月新一による証明

シンプルな**足し算**と**かけ算**によって構成されたＡＢＣ予想は、ほかの未解決問題とも関係していて、「ＡＢＣ予想が証明されれば、こっちの予想も真だとわかる」というものがたくさんあります。それだけ数学的に重要な問題なのですが、非常に難しく、なかなか成果があがりませんでした。

しかし、２０１２年、日本の数学者**望月新《もちづきしん》一《いち》**（１９６９年〜）が、この予想を証明する論文を公開しました。望月自身のホームページに掲載されたその論文は数百ページにのぼり、非常に斬新な内容だったため、専門誌に掲載してよいかどうかを判定する査読には、８年もの時間がかかりました。

そしてついに２０２０年、査読が完了し、専門誌への掲載が発表されました。「望月の論が完全に正しいかどうか」については現在も議論がありますが、学術的な業績となる論文であることが認められたのです。

ＩＵＴ理論の衝撃

望月がＡＢＣ予想の証明に用いたのは、従

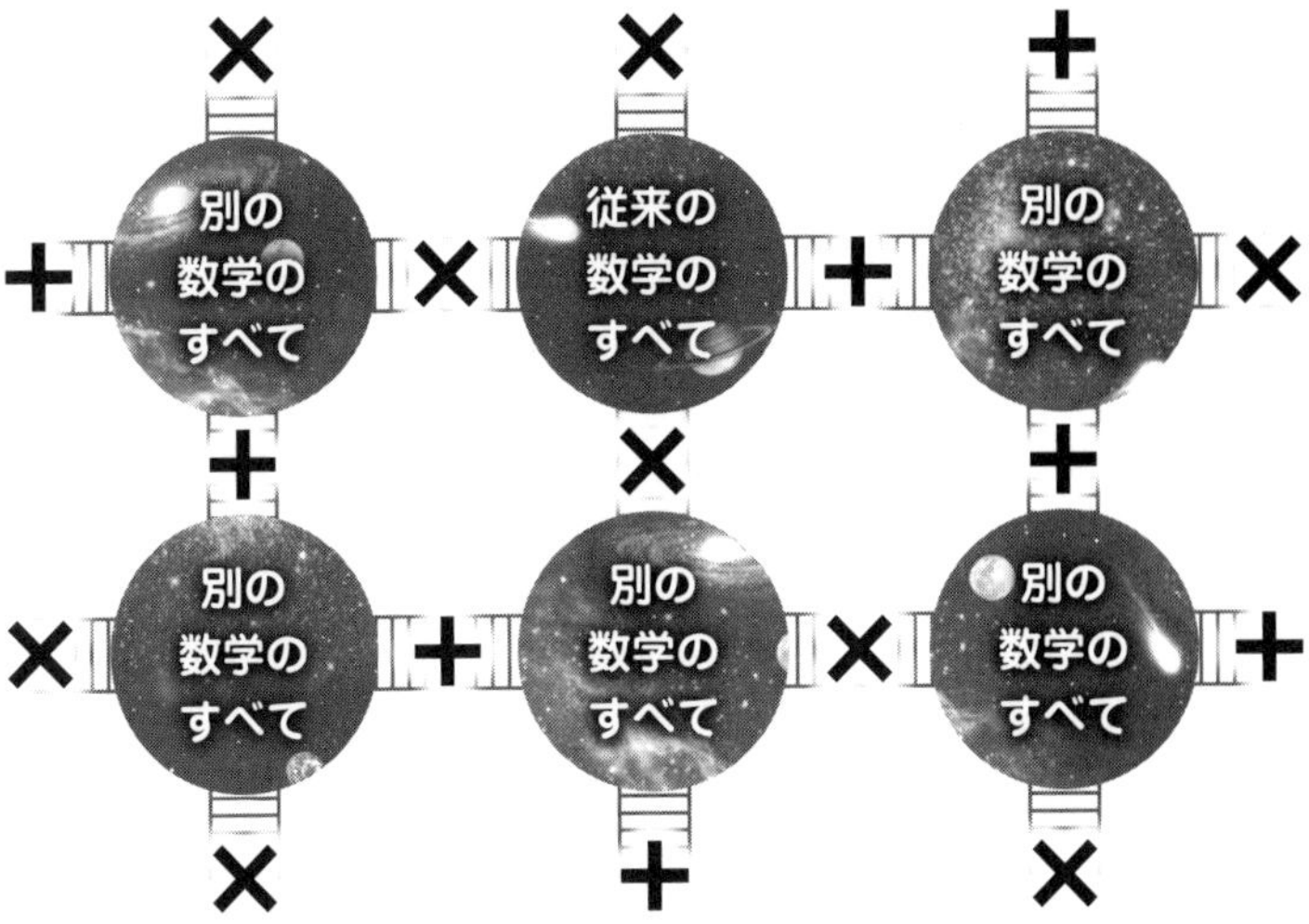

▲望月新一が発表した「IUT 理論」のイメージ。私たちの「数学」とは違う法則に支配された、パラレルワールドのような別の「数学」との間をつなぎ、行き来しながら作業を行う。従来の数学の枠組みを超えるこの理論は、「ABC 予想」以外にもさまざまなことに使えるだろうと期待されている。

来の数学の枠組みを超えた壮大な理論でした。彼自身が編み出した、**宇宙際《うちゅうさい》タイヒミュラー理論**、略して**IUT理論**です。

「宇宙際」とは「宇宙と宇宙をつなぐ」という意味です。この場合の**宇宙**は数学の専門用語で、「数学にかかわるすべて」を指します。望月の理論は、いわば従来の「数学宇宙」だけでなく、**別の無数の「数学宇宙」をつないで、その間を行き来する**ようなものです。

従来の「数学宇宙」では、かけ算は「同じ足し算のくり返し」を意味しており、足し算とかけ算はがっちりからみ合っています。しかし別の宇宙と行き来させると、そのからみ合いがほどけ、自由に扱えるとのことです。

まさに異次元のIUT理論は今後、ほかの問題にも威力を発揮することが期待されます。

05

The front line of mathematics

超ミクロの構造を表す数学的モデルとは？

数学が宇宙の秘密を探る

宇宙はひもでできている？

最後に、高度な数学を駆使して宇宙の真の姿を探ろうとする理論を紹介します。**超ひも理論**（**超弦理論**《ちょうげん》）です。

従来の物理学では、宇宙に存在するものの最小単位である**素粒子**を、**大きさをもたない点**と考えます。一方、超ひも理論では、「**たった1種類の、とんでもなく小さいひもが、振動することで素粒子となる**」と考えます。

楽器の弦をはじくと振動し、振動パターンの違いから多様な音が生まれるように、ひも

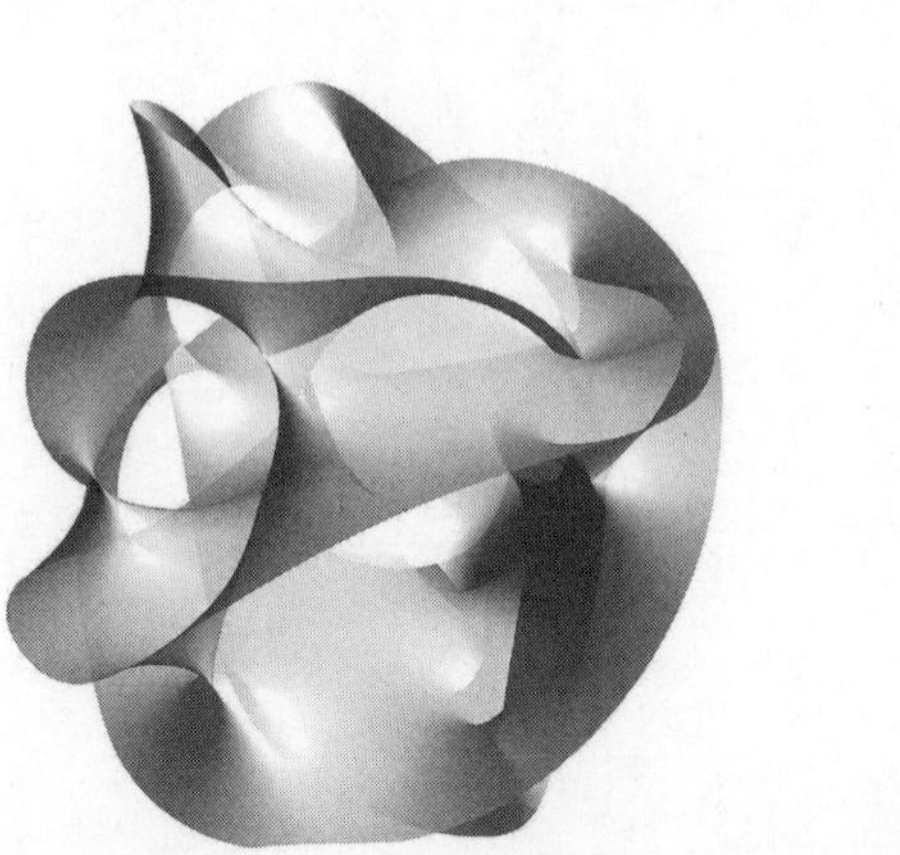

▼「カラビ−ヤウ多様体」。私たちが認識できる「縦」「横」「高さ」と「時間」の４次元以外、６次元分の「余剰次元」が、超ミクロの世界でこのような形に「コンパクト化」されているという。

の振動の仕方によって、さまざまな種類の素粒子が現れるというのです。

10次元の時空

しかし、超ひも理論が構築される過程で、問題も出てきました。ひもの振動が、3次元（縦・横・高さ）の空間だけで起こっていると考えると、理論的な矛盾が生じたのです。それを解決するには、「宇宙の次元は**10次元**である」と考える必要があることがわかりました（11次元とする説もあります）。

10次元などといわれても、私たちは3次元分の空間と1次元分の時間、合わせて4次元分しか認識できません。残りの6次元分は、どうなっているというのでしょうか？

私たちが認識できる4次元よりも多い次元を、**余《よ》剰《じょう》次元**といいます。アメリカの物理学者**エドワード・ウィッテン**（1951年〜）は、「余剰次元を認識できないのは、小さく丸め込まれて隠れているからだ」と論じています。これを**コンパクト化**といいます。

1本の綱をイメージしてください。綱渡りをするピエロにとっては、綱は1次元の線ですが、綱の表面を歩き回る小さなアリにとっては、綱は2次元の面です。これと同じ発想で、6次元分は、とてつもなく小さいスケールで、**カラビ-ヤウ多様体**と呼ばれる右図のような形になっていると考えられています。

カラビ-ヤウ多様体は、イタリア出身の数学者**エウジェニオ・カラビ**（1923年〜）

と、香港出身の数学者**シン＝トゥン・ヤウ**（1949年〜）によって研究された数学的な対象です。これが、余剰次元を表現するモデルとして利用されたのです。

Dブレーン理論

超ひも理論研究の中心人物のひとりであるウィッテンは1995年、素粒子を「大きさのない点」ではないものとして考えるうえで、発想を広げるべきだと唱えました。1次元のひも（線）にこだわらず、2次元（面）の膜《まく》などの可能性も考えようというのです。

これを受けて、アメリカの物理学者**ジョゼフ・ポルチンスキー**（1954〜2018年）らが、**Dブレーン**という膜のようなものを理論的に考案しました。そしてこのDブレーンをもとにして、20世紀の終わりに、**ブレーン宇宙論**が誕生します。

マルチバース

ブレーン宇宙論では、私たちの宇宙は、高次元の時空の中に浮かんだ、薄い膜のようなものだと考えられます。

その高次元時空には、私たちのいる宇宙だけでなく、ほかの宇宙も浮かんでいるとされます。「宇宙が多数ある」とするこのような考え方を、**マルチバース**といいます。

ここでもう一度、高次元を表すイメージと

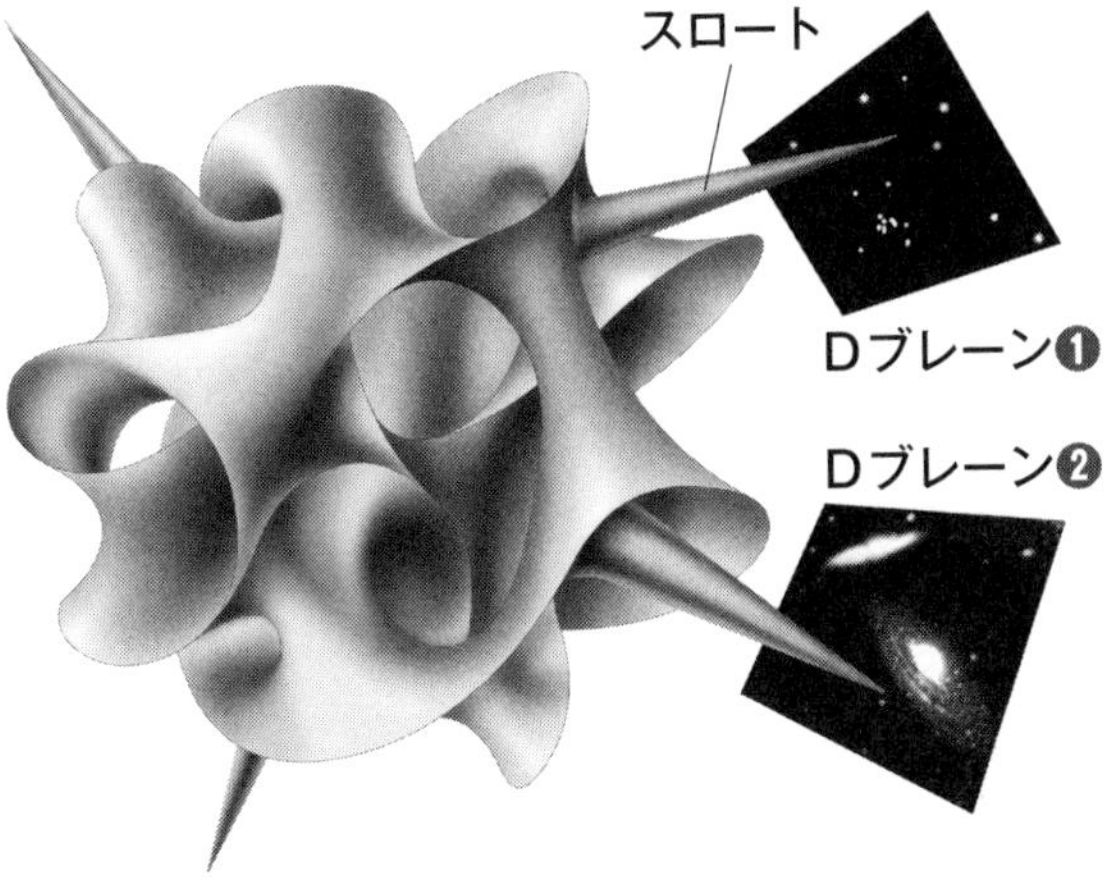

▲「ブレーン宇宙論」のイメージ。「カラビ－ヤウ多様体」から細い「スロート」（通路）が伸び、さまざまな「Dブレーン」（宇宙）につながっている。

して、カラビ－ヤウ多様体をブレーン宇宙論に導入してみましょう。

すると、「多数の宇宙が高次元時空を共有している」という発想は、上図のように、カラビ－ヤウ多様体からさまざまなDブレーンへの通路（**スロート**）が伸びているようなイメージで表せます。

このように、最先端の理論物理学の中心にも、数学の成果が据えられています。宇宙の底知れぬ神秘は、数学を用いて探究されているのです。

数学とは、計算して決まった「正解」を出すだけのものではありません。何万年もの時間をかけて人類が積み上げてきた知恵を使って、だれも答えを知らない問題に取り組み、世界の謎に迫っていく営みだといえます。

索引

＊初出、または特に参照するべきページは、太字にしてあります。
＊見出しや図のみに載っているページも含みます。

▼アルファベット

AI …… 156, **192-195**
ABC予想 …… 12, **212-215**
IUT理論 …… 12, 212, **214-215**

▼あ

アーベル …… 11, **144-145**, 146-147
アインシュタイン …… 12, 27, 169, **182-185**
アリストテレス …… 9, **72-73**, 84
アルガン …… **137**
アルキメデス …… 9, **78-79**, 104
アル＝フワーリズミー …… 10, **84-85**

▼う

ヴィエタ …… 10, **92**
ウィッテン …… **217-218**
ヴェッセル …… **137**

▼え

エウドクソス …… 9, **79**
エルデシュ …… **200**
エレアのゼノン …… 9, **70-71**, 148
円周率 …… 41, 47, **54**

▼お

オイラー …… 11, 120, **124-126**, 128-130, 136, 172-173, 200, 203
——の公式 …… 11, **128-131**
——の等式 …… **130-131**
オエステルレ …… **212**

▼か

解の公式 …… **59**, **88-91**, **144-147**
カヴァリエリ …… **104-105**, 106-107
ガウス …… 11, **136-137**, **139-141**, 203
加藤文元 …… **28**
カラビ …… **217**
カラビ－ヤウ多様体 …… **216-217**, **219**
ガリレイ …… **26**
カルダーノ …… 10, **90-91**
ガロア …… 11, 15, **146-147**
カントール …… 11, **148-150**, **153-155**, 158, 163

▼き／く

極限 …… **116-117**, 120, 131
グラント …… **156**
クロネッカー …… **163**

▼け

ゲーデル …… 12, **166-169**, 175, 205
ケプラー …… **104**, 107

▼こ

コーシー …… **117**, 146
コンピューター …… 15, **24-25**, 28, **174-175**, 179, 190-193, 195, 207

▼さ／し

三角関数 …… **126-127**, 128-130, 132-135
ジェルマン …… 11, **203**

指数関数 …… **124-125**, 128-130
志村五郎 …… **204**
集合論 ……
11, 15, **22-23**, 71, **148-149**, 158, 160-163, 165
シュレーディンガー …… **189**

▼す／せ

数学基礎論 …… 15, **22-23**, 162
ゼノン ⇨ エレアのゼノン
関孝和 …… 11, **122**

▼た

代数学の基本定理 …… 11, **137**, 147
谷山・志村予想 …… 12, **204-205**
谷山豊 …… **204**
タレス …… 9, **64-65**

▼ち

チューリング …… **174-175**
超ひも理論 …… 12, **216-218**

▼て

ディオファントス …… 9-10, **95**
デカルト ……
10, **92-93**, 94, 96, 99, 104, 106-108
デル・フェッロ …… 10, **89**, **91**

▼と

トポロジー ……
11, 15, **170-173**, 207-211
ド・メレ …… **100-101**, 103
ドレイク …… **198-199**

▼に／ね

ニュートン ……
10, **108-110**, 112, **114-116**, 122, 176
ネイピア …… 10, **121**
——数 ……
11, 55, **118**, **120-121**, 125, 128

▼は

ハーディ …… 12, **180**
ハイゼンベルク …… **188**
パスカル ……
10, 33, **100-103**, **105**, 106-107, 113, 156
ハミルトン …… **56**
バロー …… **106-107**, 108

▼ひ

ピタゴラス …… 9, **66-69**
微分積分学の基本定理 ……
10-11, **106-107**, **110**, 112-113, 115-116
非ユークリッド幾何学 ……
11, 15, 138, **141-143**, 144
ヒルベルト ……
164-165, 166-167, 169-170, 185
——の23の問題 ……
12, **165**, 206-207
——・プログラム ……
162, **165**, 166-169

▼ふ

フィオール …… 10, **90**
フィボナッチ …… 10, **86**
フーリエ …… 11, 15, **132-135**
フェラーリ …… **90-91**

フェルマー …… 10, **94-96**, **99-103**, 104, 106-107, 156, 202-204
——の最終定理 …… 11-12, 28, **95**, **202-205**, 206
フォンタナ …… 10, **89-91**
フォン・ノイマン …… 12, 166, **175**, **196**
不完全性定理 …… 12, **166-169**, 205
フライ …… **204-205**
プラトン …… 9, **72-73**, 75, 84
ブラフマグプタ …… 10, **82-83**, 84
ブローエル …… **163-165**

▼へ

ベルヌーイ …… 11, **118**, **120-121**, 125, 128
ペレルマン …… 12, **211**

▼ほ

ポアンカレ …… 11, **170**, 176, 208
——予想 …… 12, 207, **208**, **211**
ボーヤイ …… 11, **140**, 142
ポルチンスキー …… **218**
ホワイトヘッド …… **163**

▼ま／み

マッサー …… **212**
マンデルブロ …… 12, **178-179**
ミレニアム懸賞問題 …… 12, **206-207**, 208, 212

▼も

毛利重能 …… **122**
望月新一 …… 12, 212, **214-215**

▼や／ゆ／よ

ヤウ …… **218**
ユークリッド …… 9, **74-77**, 84, 138-139, 150
——幾何学 …… **18-19**, 77, 138, 140-144, 170, 178
吉田光由 …… 10, **122**

▼ら

ライプニッツ …… 11, **112-116**, 122
ラグランジュ …… 11, **145**
ラッセル …… 12, **158**, **162-163**, 165
——のパラドックス …… 12, **158-161**, 165
ラマヌジャン …… 12, **180**

▼り

リーマン …… 11, **143**, 207
——幾何学 …… 11, **142-143**, 182, 185
リベット …… **204-205**
劉徽 …… 9, **62**
量子コンピューター …… **190-191**
リンド …… **61**

▼る／れ／ろ

ルフィニ …… 11, **145**
連続体仮説 …… 152, **154-155**, 165
ローレンツ …… 12, **176-177**
ロバチェフスキー …… 11, **140**, 142

▼わ

ワイルズ …… 12, **205**

❖ 主要参考文献 ❖

足立恒雄『無限の果てに何があるか』(KADOKAWA)／岩沢宏和『世界を変えた確率と統計のからくり134話』(SBクリエイティブ)／上垣渉『はじめて読む数学の歴史』(KADOKAWA)／大蔵陽一『大学数学　ほんとうに必要なのは『集合』』(ベレ出版)／大栗博司『重力とは何か』(幻冬舎)、『大栗先生の超弦理論入門』(講談社)／小川仁志監修『図説　一冊で学び直せる哲学の本』(学研)／科学雑学研究倶楽部編『微分積分のすべてがわかる本』、『決定版　量子論のすべてがわかる本』、『最新科学の常識がわかる本』、『決定版　相対性理論のすべてがわかる本』(ワン・パブリッシング)／加藤文元『物語　数学の歴史』(中央公論新社)、『宇宙と宇宙をつなぐ数学』(KADOKAWA)／木村俊一『天才数学者はこう解いた、こう生きた』(講談社)／小島寛之『世界を読みとく数学入門』(KADOKAWA)／佐々木力『数学史入門』(筑摩書房)／瀬山士郎『はじめての現代数学』(早川書房)／仙田章雄『数学者たちはなにを考えてきたか』(ベレ出版)／高橋昌一郎『ゲーデルの哲学』、『フォン・ノイマンの哲学』(講談社)／寺阪英孝『非ユークリッド幾何の世界　新装版』(講談社)／永野裕之『とてつもない数学』(ダイヤモンド社)／中村滋・室井和男『数学史』(共立出版)／中村亨『ガロアの群論』(講談社)／野﨑昭弘『不完全性定理』(筑摩書房)／深川和久『ゼロからわかる虚数』(KADOKAWA)／松岡学『数の世界』(講談社)／三浦俊彦『ラッセルのパラドクス』(岩波書店)／飲茶『哲学的な何か，あと数学とか』(二見書房)／涌井良幸・涌井貞美『統計学の図鑑』(技術評論社)／アミール・D・アクゼル(青木薫訳)『「無限」に魅入られた天才数学者たち』(早川書房)／アミール・D・アクゼル(水谷淳訳)『天才数学者列伝』(ソフトバンククリエイティブ)／E・T・ベル(田中勇・銀林浩訳)『数学をつくった人びと(Ⅰ～Ⅲ)』(早川書房)／アレックス・ベロス(田沢恭子・対馬妙・松井信彦訳)『素晴らしき数学世界』(早川書房)／トム・ジャクソン(冨永星訳)『歴史を変えた100の大発見　数学』(丸善出版)／ジョージ・G・ジョーゼフ(垣田髙夫・大町比佐栄訳)『非ヨーロッパ起源の数学』(講談社)／ポール・パーソンズ、ゲイル・ディクソン(千葉逸人監訳・権田敦司訳)『図解　教養事典数学』(ニュートンプレス)／マーカス・デュ・ソートイ(冨永星訳)『素数の音楽』(新潮社)／サイモン・シン(青木薫訳)『フェルマーの最終定理』(新潮社)／イアン・スチュアート(水谷淳訳)『数学の真理をつかんだ25人の天才たち』(ダイヤモンド社)／『綜合ムック　天才たちのつくった数学の世界』(綜合図書)／『Newton大図鑑シリーズ　数学大図鑑』(ニュートンプレス)／『ニュートン別冊　数学の世界　図形編』、『ニュートン別冊　数学の世界　数の神秘編』、『ニュートン別冊　数学の世界　現代編』(ニュートンプレス)

ほか

❖ 写真協力 ❖
Pixabay
Wikimedia Commons
写真 AC
イラスト AC
シルエット AC
シルエットデザイン

決定版　数学のすべてがわかる本

2021年7月4日　第1刷発行
2023年6月14日　第2刷発行

編集製作 ◉ ユニバーサル・パブリシング株式会社
デザイン ◉ ユニバーサル・パブリシング株式会社
イラスト ◉ 岩崎こたろう

編　　者 ◉ 科学雑学研究倶楽部
発 行 人 ◉ 松井謙介
編 集 人 ◉ 長崎　有
企画編集 ◉ 宍戸宏隆
発 行 所 ◉ 株式会社 ワン・パブリッシング
〒110-0005　東京都台東区上野 3-24-6
印 刷 所 ◉ 岩岡印刷株式会社

この本に関する各種のお問い合わせ先
●本の内容については、下記サイトのお問い合わせフォームよりお願いします。
https://one-publishing.co.jp/contact/
●在庫・注文については　書店専用受注センター　Tel 0570-000346
●不良品（落丁、乱丁）については　Tel 0570-092555
業務センター　〒354-0045　埼玉県入間郡三芳町上富 279-1